王敏 著

我，不必和别人一样

中国文史出版社

图书在版编目（CIP）数据

我，不必和别人一样 / 王敏著 . -- 北京 : 中国文史出版社 , 2018.9

ISBN 978-7-5205-0558-1

Ⅰ . ①我… Ⅱ . ①王… Ⅲ . ①人生哲学－通俗读物
Ⅳ . ① B821-49

中国版本图书馆 CIP 数据核字 (2018) 第 222675 号

责任编辑：卜伟欣

出版发行：中国文史出版社
网　　址：www.chinawenshi.net
社　　址：北京市海淀区西八里庄 69 号院　邮编：100142
电　　话：010–81136606　81136602　81136603　81136605（发行部）
传　　真：010–81136655
印　　装：廊坊市海涛印刷有限公司
经　　销：全国新华书店
开　　本：710mm × 1000mm　1/16
印　　张：13.25
字　　数：163 千字
版　　次：2019 年 3 月第 1 版
印　　次：2021 年 3 月第 2 次印刷
定　　价：49.00 元

序言

一样&不一样

这是我人生第一本书，很是好事多磨，封面设计了几十版，书名讨论了十多个，最后编辑很无奈地说："你，真的和别人不一样！"

我也精疲力尽地回她："我，不必和别人一个样！"

编辑忽然兴奋地回信息："好，就这个了——我，不必和别人一个样！"

似乎没有什么可以比这句话更能诠释我为人处事的风格了，我就是那个一直和别人不一样的人。

而为何一直要和别人不一样，最初我自己也不太明白。

直到有天在朋友圈看到一句话："如果大家都能理解你，你要普通成什么样啊？"

哈哈哈，我忽然明白了自己的执念是什么——我拒绝普通！

曾经有很长一段时间，我认为"泯然众人矣"是件很可怕的事。

比如我以前不爱笑，总是一副冷冷的拒人千里的样子，好多朋友说我缺乏亲和力，劝我要改变，劝我多些微笑，多和别人拉家常，改变酷酷的发型，换掉张扬的衣服……

我一边觉得他们说的有道理，可一边觉得这样的改变很可怕：我变成很多人满意的样子，大家看我顺眼了，可轮到我看自己不顺眼了，这还是我吗？我到底是让大家满意还是让自己满意？

况且，没有两个人是一样的，不管是信念、价值观还是审美眼光、行为习惯，如果我们想让别人满意，最后的结果就是更多人不满意，尤其是自己最不满意！

有位早年旧友忽然给我发信息，说感觉我现在很多照片"很装"，把我吓得赶紧反省自己到底做了什么矫揉造作之事。翻看半天自己的照片没找到原因，于是虚心去她朋友圈找标准答案：什么样子才是不装。

结果她朋友圈首页就是她穿着一身白娘子的古装，满面含羞地撑着一把油纸伞，半躺在湖畔……

我顿时迎风凌乱……

我还是继续"装"我自己吧，如果按她的标准"不装"，就只能扮小青或法海了。

所以，我们无法满足别人的标准和他们一样。寓言故事《父子抬驴》就是千古教训：有驴不骑是傻瓜，父亲骑驴是不爱孩子，孩子骑驴是对父亲不孝，俩人骑驴是不心疼驴，那就只好父子俩一起抬驴了，结果是自己更辛苦，更多人笑他们有病——这反而是更大的"不一样"！

二八定律告诉我们：最重要的总是在最少数那里。所以20%的精英之路其实并不拥挤，因为走的人少。倒不一定是因为精英之路有多难走，更多是因为80%的人不敢走，因为他们会觉得在80%那边更安全。

在人类发展过程中，我们本能地追求和其他人一样，只有一样才可以被群体接纳，才会让人有安全感。

试想一下，远古人类如果不生活在群体中，那是很难生存的，就算是现代人，让我们忽然进入一个完全陌生的不一样的环境，我们都会觉得紧张甚至恐惧。

所以追求"和别人一样"，是人类生存的本能。

可人这一生，不仅仅是只为了生存，更多人会追求精彩的人生，会追求活出“不一样”的自己！

出彩的人生一定是先“出格”的，精英人群的格局和思维也一定是“不一样”的，否则怎么会走出平凡与出类拔萃呢？

走不一样的路，确实会辛苦，因为没有更多前车之鉴，很多时候都要靠自己探索，每一步迈出去都可能受挫或失败；

做不一样的事，可能会痛苦，因为你总在打破自己的舒适区，打破一个旧我重塑一个新我；

做不一样的人，会感到孤独，因为没有多少人理解你，就算是真心的关爱和建议，也都只能给你慰藉，你的人生还是要你自己去负责。

然而，那又怎样？

走不一样的路，才能收获别人看不到的风景！

做不一样的事，改变才会真的发生！

做不一样的人，才会活出自己的气场！

其实没有绝对的“一样”或“不一样”。

只要我们活出自己的不一样，尽情彰显自己的气场，就如同暗夜里点燃的光，一定会吸引来同样的能量，当我们这群“不一样”的能量相互吸引越聚越多时，我们就把“不一样”聚成了强大的“一个样”！

目录

第一章 不一样的领悟：一切都是我们内心的折射

我们常常活在由自己的感官，塑造出来的主观世界里。相由心生，我们看到的所谓“实相”，其实都是我们内心的折射。

003 | 我，不必和别人一个样
006 | 结婚20年，我竟然不知道你爱吃甜
012 | 最怀旧的是胃口
017 | 真正贵的都是无形的
021 | 懂得感恩更显人格高贵
024 | “知道”和“做到”
026 | 爸爸战斗过的地方
030 | 谁不是委屈大的？
034 | 做真正喜欢的事，选值得爱的人
043 | 你值得这么贵

第二章 不一样的思考：问题本身不是问题

人生总要面对很多问题，先打破你信念的框框，万事不要以偏概全。你的纠结并不是你真的缺少什么，而是你非要按你的信念标准去要求什么。不一样的选择造就不一样的人生，你的人生，尽在你的掌握之中。

049 | 我选择，我负责

053 | 你有资格变得更好

057 | 一辆奔驰车引发的思考

060 | 乖孩子在外，熊孩子在内

063 | 看问题的方式才是问题

068 | 遇到攻击和诋毁怎么办？

073 | 如何调节因爱对方而产生的控制欲和占有欲？

075 | “拧不开瓶盖”的女生更受欢迎吗？

081 | 恋爱里的作（zuō）女也有春天

085 | 我变，你变，世界变

088 | 找个我爱的人还是爱我的人

第三章 不一样的努力：慢慢走才会很快

没有谁的人生，可以一蹴而就，一帆风顺。优秀并非与生俱来，真正的努力不是一意孤行，一鼓作气，而是按照自己的节奏和方式，不紧不慢地踏实走好。因为，慢慢走才会很快。

093 | 你真的努力了吗？

095 | 我的三头六臂高效工作大法
099 | 四两拨千斤的隐喻
103 | 你的人生你做主
106 | 向着完美的方向不断前行
109 | 优秀都是逼出来的
112 | 慢慢走，才会快
116 | 再多道理都抵不过“我愿意”

第四章 不一样的追求：只为美好随心

太多成功的人生，似乎都源自一个励志的故事；太多光鲜亮丽的表象背后，似乎都曾经穿过炼狱。然而，人生不是向着苦难出发，而是为了使一切轻松愉快。生命无需负载累累，一切美好随心——犹如雨入花心，自成甘苦；水归器内，各现方圆。唯有如此，我们才能保持内心的自由和对未知的惊喜。

123 | 聪明意在“得”，智慧意在“舍”
126 | 礼仪发乎于心
128 | 做“无用”之事，美好随心
132 | 不做不会怎样，做了很不一样
136 | “女爷”时代
139 | 原来一切都是爱
143 | 我的人生“潜规则”
148 | 守住自己的界限
153 | 绿萝与石佛

第五章 不一样的气场：活成闪闪发光的自己

当我正在黑暗中摸索着寻找光明，它恰好为我推开一扇窗；当我正迷茫无助，它恰好打开我的心灵密码。六年光阴，它赋予我成长的喜悦、生命的价值。

161 | 我就是气场女王
167 | 气场？气质？气势？
170 | 活色生香、斗志昂扬
174 | 美貌不是女人的王牌
178 | 有资格才有气场
184 | 好老师都是段子手
189 | 人生不过呵呵二字
192 | 道不同，不相为谋

第一章

不一样的领悟：一切都是我们内心的折射

我们常常活在
由自己的感官，
塑造出来的主观世界里。
相由心生，
我们看到的所谓“实相”，
其实都是我们内心的折射。

我，不必和别人一个样

我们经常会说“我是自己的主人”“我为自己的人生做主”。而实际上呢？“别人”——才是我们生命中最亲密的伙伴。我们大多活在“别人”的标准中。“别人”在哪儿呢？他们常驻在我们的心里，伴随我们慢慢成长。

小时候，我们迎来第一位“小伙伴”——别人家的孩子。

三四个月的时候长出第一颗牙齿，爸爸妈妈喜悦之余又担心——“人家的宝宝不都要半岁以后才长牙吗？咱宝贝是不是不正常？”

上小学考了90分回来，爸爸看完咂咂嘴——“你看人家隔壁的小明，这次考了100分……”

中学时想买条漂亮的花裙子，妈妈苦口婆心——“穿那么花哨惹是非，你看隔壁的燕燕，夏天都穿长裤，多朴素……”

成年后，我们又迎来了“别人家的老公”——“你看张美丽的老公都开奔驰了，你还在挤地铁……”

当然还有“别人家的老婆”——“你看人家赵英俊的老婆，天天给老公端洗脚水……”

自然还有“别人家的爹”——“你看那个谁，他爹是××局局长……”

这些“别人家的××”，有一个共同的特点：永远比你强。这个强还表现在各个方面：你无他有，你有他优。

“他”有时是一个人，有时是很多人，按需要随时出现，按需要随时优点倍增，目的就是打击你的自信，磨掉你的自我。

这些“别人家的××”就这样强行进驻我们的心里，虽然我们也曾讨厌抗拒委屈憎恨，可他们还就不走了，随时随地跳出来提醒你有多差劲。

这些小伙伴最初是身边人塞给我们的，后来我们就不知不觉自己邀请来更多的人生伙伴——我们人生的“假想观众”，他们永远关注着我们的生活，点评我们的人生。

“我这次发型剪坏了，太难看了，怎么见人啊……”

事实是，你又不是大明星，谁会留意你的发型呢？说实话，你的大部分同事都不记得你长相的细节。每天像放大镜一样欣赏你的，只有你自己。

“我在台上演讲的时候紧张得忘了词，大家肯定看我像小丑，真不想活了……”

其实呢，谁没有上台紧张忘词的时候啊，你卡壳那会儿，评委说不定正在跑神、观众说不定正在刷朋友圈，你要不是在台上道歉说你忘词了，他们可能还真的没注意到……

“我要是离婚了，岂不是给周围人落下笑柄？”

正如有句话说的，婚姻就像鞋子，舒不舒服只有你自己知道。日子是要你自己过的，而不是过给别人看的。就算真有闲人议论你的婚姻是非，她自己回家照样也是一脑门的鸡毛蒜皮……

“我今天迟到被班主任发现了，他对我的印象会不会一落千丈，从此一定烦死我了。”

你意识到自己迟到不对，就去认错道歉。班主任会不会对你失望，我不知道，那是他的事。他会不会一直烦你，我觉得不至于……

其实，你对于别人真的没那么重要！

大家都挺忙，自己那些都够头疼的，谁都不会一直惦记着你。

况且，你也是别人心中的“假想观众”。

“我站在桥上看风景，看风景的人在楼上看我。”我们都是彼此人生的一道风景，你看他，自然觉得他也在看你；你不看他，自然也不会知道他在看你。我们常常活在由自己的感官塑造出来的主观世界，我们看到的很多都是自己内心的折射。

我们习惯以自己的信念去评判世界、评判别人，也因此习惯性地活在“别人”的评判标准里。

其实我们不必拿“别人的标准”把自己压死。

你内心不接纳自己，就会给自己制造出一群假想观众来评判自己、桎梏自己。而那些观众，未必真的存在，即使存在，也未必那么执着地做你的人生影迷。

我做气场教练以来，经常被“别人”关心或质疑，因为我一直不太符合“别人”的标准。

我上过很多课，但我一直不是最优秀、最听话的学生，甚至还经常被否定和批评。我遭遇过被骂得冷汗直流的尴尬，也经历过落选时痛哭流涕的悲伤。一切都是因为我不够像别人一样好，我不够标准。

面对这些，我照单全收。别人怎么想怎么说我无法控制，但起码我可以控制自己怎么想怎么做。不完美之事常有，若要等我准备得十全十美再出发，估计为时已晚。所以，出发吧，边走边修正！

我不是准备完美才出发的，我是在前行的路上逐渐走向完美的。

我不像任何人，因为我可以成为更好的自己。

我，不必和别人一个样。

结婚20年，我竟然不知道你爱吃甜

中秋节，我家发生了半块月饼的“神秘失踪”事件。

我家每年都不买月饼，因为月饼基本上就是中秋节那天尝尝应个景，朋友送的月饼，会放在冰箱里一直到过期，最后扔掉。

中秋节前，朋友特意从广东寄来一盒精美的月饼。一盒里就四个，我切开一尝，果然名不虚传，好吃！可再好吃也吃不了多少，所以我把一个月饼切成四份，一点点地吃。

中秋节前的晚上，我泡着普洱茶，兴致盎然地又拿出个月饼切了一半，和女儿一人一口吃完了，另一半就放在桌子上。仅剩的另一个月饼被我放进冰箱，等着第二天中秋节端上桌子应个景。

等一等，有人问：你家还有谁啊？

答：还有我家先生，孩她爹。

问：那为何你不给他吃啊？

答：他不吃零食，不吃甜的。我跟他结婚快20年了，就没见过他吃甜的。我从不记得他吃过零食，顶多喝小酒时吃个咸干花生。

哦，知道了吧？所以，虽然我家孩她爹当时就在沙发上歪着看电视，我也没意识到把月饼分给他尝一尝，因为我“知道”——他不吃甜的。

女儿平时住校，回家总要跟我挤一张床，孩她爹就自己找小床或沙发去睡了。那天晚上，我去睡觉时，他还躺在沙发上看电视。

第二天一早，我去喝茶，忽然发现半个月饼不翼而飞。昨晚放冰箱了？拉开冰箱一看，只有那最后一个月饼。昨晚那半个呢？我满屋子转悠地找着。

她爹刚刚睡醒，坐在沙发上揉眼睛，我径直穿过他，到卧室问正在睡懒觉的妞：“你昨天夜里起来吃月饼了？”

妞迷迷糊糊：“我有那么神经吗？”

我挠挠头：“那我昨夜梦游了？”

妞翻身看我：“怎么了？”

我满脸怪异的表情：“昨晚那半个月饼明明在桌上，今天早上不见了。”

妞很无奈：“妈妈，半个月饼有那么重要吗？是不是我爸吃了？”

我不以为然：“怎么可能？！你爹从来不吃甜的。”

妞说：“万一是他半夜看电视吃了呢？”

我斩钉截铁地说：“不可能，他从来不吃甜的。”

是啊，都快结婚20年了，我还能不知道他？！我压根儿就没见他吃过什么零食甜品，平时家里的饼干、面包、巧克力放在那里，到过期也没见他吃过啊，不可能的！

我就坚持着这个“不可能”，从孩她爹身边过了好几趟，一直在琢磨：要么我昨晚梦游了，要么是提前进入更年期了？

奇怪！神秘！半个月饼不见了！

我一整天都在嘀咕这件事，从孩她爹面前溜达好几回，彼此听而不闻，视而不见。似乎，好像，大概，也许，在我的认知中，老夫老妻容易陷入这个模式：看似天天在一起，可对方今天有没有洗脸、穿的什么衣服，好像都没概念，正应了那个成语——“熟视无睹”。

八月十五晚上，月亮升起来了，孩她爹在厨房一阵煎炒烹炸，摆了一桌子饭菜庆祝过节。我从冰箱里拿出最后一个月饼，切成四块，摆到了餐桌中间。一个月饼分了四小块，我吃两块，妞吃了一块，剩下一块我本来要给妞，想了想就递给孩她爹：“来，赏个脸吃一块月饼吧，过中秋节呢！这月饼很好吃！”

孩她爹一如我所料地摇摇头：“不吃。”

我把月饼转向妞，看，我说的吧？他一直就这样！

忽然听到孩她爹说：“我昨晚吃过了，是挺好吃的。”

什么？！你吃的！？

我瞪大眼睛：“昨晚的半个月饼你吃了？”

他表情坦然：“是啊！”

妞大叫：“我说吧，明明是我爸吃了嘛！”

我瞪圆眼睛看着他：“你不是从来不吃甜食吗？”

他表情毫无变化：“我其实最喜欢吃甜的了，只是家里很多长辈有糖尿病，我就尽量少吃。”

妞在一边笑：“妈，你非说我爸从来不吃甜的，你了解我爸吗？”

我忽然语塞，我了解他吗？

我有些发愣地看着眼前这个男人，和我生活了近20年的男人，忽然发现他竟然有眼袋了。他什么时候有了白头发？他穿的T恤领子什么时候松垮了？我有多久没有认认真真看过这个人了？

而最要命的是——结婚快20年了，我竟然不知道他爱吃甜。我一直以为他就是我以为的那个人，只会画画，不谙世事，不善言谈；喜欢宅在家里睡觉，喜欢买菜做饭，不擅应酬不喜社交。我还以为他不吃零食，从不吃甜。

我好像一直在和我以为的那个人生活着。我一直以为他适合穿粗犷型的衣服，就老给他买同一品牌的灰绿、土咖色系衣服，他默默穿了多年，有一天终于对我说："别人都说我穿这个颜色的衣服显得脸色很差，不好看。"我才认真打量一下他："哦，有吗？好像是啊……"

他总是给我和妞做一大盆一大盆的鸡鸭鱼肉，每次都吃不完。我总是吵着说他就喜欢吃这些重口味的东西，可有一天忽然发现，每次他做好都是给我和妞吃的，他自己永远吃馒头咸菜和清汤面，他就喜欢那些清淡食物。而那一盆又一盆的酸菜鱼跳水兔大盘鸡涮羊肉，在他看来是最有营养最好吃的，他以为我和妞喜欢吃，所以总是拿这些他认为最好的东西给我们吃。后来我和妞在外面吃了什么好吃的，都不敢在她爹面前提，怕就那么顺口一提，第二天家里饭桌上就出现一大盆，直到吃吐为止。

我们家最不缺的就是茶，孩儿她爹经常会带回各种红茶绿茶黑茶白茶的，我也不太懂，但每天装模作样在喝。他自己就是大玻璃杯，逮着什么抓一把那种。有一次他喝点酒，跟我唠叨："我这人其实根本没爱好，你看我喜欢过什么？你的爱好就是我的爱好，你喜欢什么我就喜欢什么。你喜欢喝茶，我就给你到处去搜罗茶，你喜欢古玉，我就到处给你搜罗古玉，我不轻易卖画，却很愿意拿画跟人家换古玉，因为我说了，我老婆喜欢！"

就是这么一个人，我和他结婚快20年了，有雪夜一起骑车去吃一碗砂锅面的甜蜜，有抱着女儿共同憧憬未来的幸福，有我为他的画作欣赏叫好的默契，也有过好几年的两地分居，以及有过N次想掐死对方的念头。现在呢？有时一天也不怎么讲话，但能感受到对方的存在；从电话里的声音就可以听出他喝了几斤几两；有时无意目光驻留，恍然觉得这是一个"熟悉的陌生人"。不知不觉，熟悉让我们变得平淡，甚至在同一个房间中也经常视若无睹。

其实，他年轻时桀骜不驯，留长发、打群架，可不知从什么时候开始，不管我怎么嚷嚷，他都只听不说。其实从前他很幽默，爱讲笑话，可又是从什么时候开始，他总是待在家里默默无语地看电视？其实他以前很帅，妞看了我俩年轻时的照片，惊呼："妈妈，原来我爸那么帅啊，原来你长这样啊，我爸完全是扶贫把你领回家的嘛！"可从什么时候开始，那个帅男人有眼袋有白发有肚腩了呢……

我总以为自己很优秀很能干，对这个家劳苦功高；也总以为自己足够聪慧，所以去学习《跳好双人舞》婚姻情感指导师，为那些在婚姻里迷茫的人指点迷津。我一直不愿意去面对自己的婚姻情感，因为从表面看没什么问题啊，老夫老妻不都是这样的模式吗？我们的关系很稳定很牢固啊，都在一心为这个家而努力奋斗，顶多就是些鸡毛蒜皮的小事。只是那一刻，我突然被半块月饼砸清醒了——结婚快20年，我竟然不知道他爱吃甜。

我以为自己很了解他，其实只是我以为；我以为自己很关心他，其实他真正喜欢什么我都不知道；我以为自己很爱他，其实很久以来都没有认真关注过他。

有一段时间，我总是因为与他难以沟通而发牢骚："还有比我说话更清楚的人吗？我说话还能说不明白吗？天南海北什么样的人都能听懂我说的，为什么你会听不懂？你居然会不明白我表达的意思？"

旁观的女儿发话了："停！你们俩别争了！我看出问题来了，主要问题在你身上，妈，我说你呢！"

"我？"我瞪圆了眼睛。

"是的，妈妈，你说话是很清楚，可是你跟我爸说话时不像他老婆，你像他老师！"我家妞很多时候是个小神仙。

我登时愣住。

这不是我每天的工作内容吗？"有效沟通的核心是先做好身份定位，沟通之前要知道你是谁，你在跟谁说话……"

当一个男人天天面对一位时刻要为他指点迷津的“老师”时，他的情绪就先上来了，我说得越清楚，他的抵触情绪就越大。这沟通又怎么可能通畅呢？

不识庐山真面目，只缘身在此山中。学习不只是知识的累积，从来都是知易行难，我们在旁观别人的问题时能做到客观清晰，到了自己身上就会陷入固有的“自以为是”里。

我一度以为自己已经大彻大悟了，没想到却被半块月饼打败了。在这半块月饼里，我看到了自己的自以为是，我坚持我的老公是我以为的那个人，宁愿相信自己的判断也不愿多问他一句；在这半块月饼里，我看到自己没有做好妻子该做的事，我竟然那样不了解他不关心他；在这半块月饼里，我看到了自己的“盲目我”——别人知道而自己不知道的那部分自己；也看到了“潜力我”——既然已经觉察，并愿意坦诚面对，那么改变还会远吗？

感谢那半块月饼，给了我顿悟的当头棒喝；感谢这几年的学习成长，没有好学问的引导，就没有我今天面对问题的勇气和改变的希望。

最怀旧的是胃口

人的胃口是最怀旧的，虽然现代人几乎都能达到温饱，甚至尝遍天下美食，但人们的胃口还是会回归童年、回归原生家庭，小时候吃惯了的食物才是最爱。当你累了，没有胃口的时候，你会发现，当年简单的食物才是自己最能接受的。

过了不惑之年，也算走过万里路，品过各种美味大餐，可现在最熨帖我的胃的，就是白米粥。一定要用最好的大米，水少米多，不能煮太久，大米要筋筋道道有嚼劲，浮起一层米油，甚感疲惫时放一勺白糖，清甜黏稠，连喝两碗，瞬间感到心神俱安，无比惬意。

有时候自己都觉得没道理。这白米粥，味道清淡，也并非多有营养，为何会感觉比吃了山珍海味还满足？想想定是源于那份童年的记忆，胃口是最忠实最怀旧最恋家的。

我家里姐弟三个都是七〇后，爸爸妈妈是普通干部，有限的工资养活五口人，三个孩子经常面对着饭桌上有限的荤菜犯馋，妈妈也总是念叨：“好吃还是家常饭。”常出差的爸爸会捧着家里一碗素汤面说：“要是出差时能有这样一碗面，那真是给啥都不换！”我那时就想：“骗人呢，明明还是肉好吃啊！”

那时姐姐上小学，放寒假时会在家带我和弟弟。外面冰天雪地，屋里为了取暖生一个小煤炉，下午爸爸妈妈还没下班，我们却提前饿了。姐姐会用小锅为我们煮白米粥，煮得黏稠，趁爸妈没回家狠狠地放些白糖，在寒冷的冬天，三个孩子守着温暖的炉火喝香甜的白米粥，那就是我童年时最好的“下午茶”。

这种美好、温暖、香甜、舒适的感觉留在了我的胃里，渗入我的血液和骨髓，一直到现在，当我感觉累极而毫无胃口时，最渴望的还是那碗白米粥，最养胃养心。

七〇后的孩子没有太多零食，偶尔爸爸带一个大苹果回家，会引起一阵欢呼，三个孩子仰着头、流着口水，看爸爸高高地举着苹果削皮，那长而不断的苹果皮也会被馋猫样的孩子先抢到嘴里，然后爸爸会把苹果分成四份，三个孩子一人一份，剩下的一份爸爸妈妈推让半天一人尝一口，那时候的一块苹果真是要吃到只剩苹果核才肯松口，而现在吃苹果再也吃不出那个美味了。

5岁的时候，舅舅舅妈从上海回到老家，带回了一些黑黑圆圆的“算盘珠”，吃到嘴里有种奇怪的香浓味道。我一发不可收拾地爱上了这个味道，天天缠着舅舅要吃“算盘珠”，舅舅舅妈哈哈大笑，告诉我那叫巧克力，并用上海话戏谑地叫我“剜断根”，意思说我嘴巴太馋，一定要吃到把树根剜干净方才罢休。这个外号被亲戚和家人叫了很多年，我的馋也出了名。

长大成人后，巧克力成了我的最爱，可我发现，不管多么高级的巧克力，都没有当年那个特殊的味道。直到有一次我到上海出差，无意中买了上海当地产的巧克力，放入嘴巴的一刹那，我发现那特殊的有些苦苦的味道正是童年时“剜断根”的“算盘珠”。

因着上海舅舅的关系，我们偶尔就会尝到当年最高级最时髦的上海糖果点心。天啊，那印着漂亮小姑娘图案的铁皮饼干桶，那满满一铁皮盒的大白兔奶糖……简直就是我们童年时的宝藏，而这宝藏总会被俭省的妈妈锁进大衣柜，美其名曰“细水长流”，只有在我们表现好时才会打开柜子发几颗大白兔以示褒奖。那时候，我们经常流着口水在大衣柜前转悠，馋得狠时会趴在柜门上想象着闻到了香味，只要听到妈妈拿钥匙开柜门时那“咔嗒”一响（大多时候她只是为了拿衣服被褥），我们就像听到世界上最美妙的声音一样冲进卧室，然后撒娇耍赖地把大白兔要到手。越是不容易得到的越是珍贵，现在有机会品尝各种高级糖果了，却也觉得不过平常滋味而已。

到了上小学的时候，妈妈也学别人在院子里养了几只鸡，我们每天就有新鲜的鸡蛋吃了。那时候的早餐就是一人煎一个荷包蛋，夹在馒头里，鸡蛋小馒头大，狼吞虎咽吃得好香啊。

再后来，家里买了冰箱。有一天，爸爸忽然把冻好的羊肉切薄片，用豆腐乳、韭菜花调了小料，就在家里的小煤炉上给我们煮了羊肉片、粉丝、白菜，告诉我们这就是北京的涮羊肉，啊呀，那简直是饕餮之餐啊。

中学的早餐开始在外面解决了。家附近有家早餐店，炸油条配绿豆粥，每天大清早，尤其是冬天冰天雪地的清晨，背着沉重的大书包出门，来到四面漏风的早餐店里，刚出锅的香喷喷的热油条，配上熬得黏稠的绿豆大米粥，简直是绝配，美味至极。现在不太敢在外面吃油条了，有时在超市发现有速冻的放心油条，买回家炸了吃，发现还是没有当初的味道。

爸爸妈妈两个知识分子，做饭手艺一般般，条件有限，也不会有太多食材让他们施展厨艺。然而，他们自学成才的家庭厨艺却给我们的胃口烙下了记忆，我们吃惯了爸爸妈妈做的饭菜，长大后不管吃多精致多讲究的美食，都会觉得不过尔尔。

比如我最爱吃妈妈炒的土豆丝。她炒土豆丝不懂得先焯水去淀粉，所以就只能多放油，放大蒜辣椒进去，炒的过程中会越炒越黏，所以她炒的土豆丝不是我们在店里吃的那种清脆爽口的，而是香浓版的，可我们就爱这一口。爸爸喜欢用干菜包包子，胡萝卜白萝卜豆腐全部切小丁，佐料放得很重，虽然是素餐，可那种味道让我们至今难忘。

后来，父母渐渐老去，我们慢慢长大，生活条件也越来越好，我们常常出入各种饭店酒楼，遍尝珍馐佳肴，买尽各种小时候稀缺的零食。刚开始的时候，会很排斥家里的饭菜，觉得爸爸妈妈做的饭菜不营养、不好吃、不上档次，还时不时抨击他们落伍的饮食观念和简陋厨艺，甚至在外面也羞于告诉别人自己是喝米粥吃馒头油条长大的。

有次看时尚杂志，讲到明星汤唯接受采访，被问到最喜欢吃的菜是什么，她老实地回答："红烧肉。"结果被经纪人拦下了，一定要改成"蔬菜沙拉"，因为女神应该是不食人间烟火的，怎么能吃最烟火气的"红烧肉"呢？

年少轻狂时，我们也曾有过这样一种虚荣，不想在别人面前暴露我们曾经是土里土气的"二丫头"，恨不得拿腔捏调地宣示：我就是从小吃西餐长大的玛丽苏。

可是，时光荏苒，返璞归真，嘴巴虽然会说谎，我们的胃口却是最忠实的"思乡粉"。我们发现，对于那些出于好奇或虚荣去吃的各种精美大餐，我们的肠胃会难以适应而闹罢工。有些美食就算当时吃了觉得很不错，可过一阵还是会不由自主地怀念妈妈炒的黏糊糊的土豆丝和姐姐煮的白米粥。

我曾经在南方沿海城市工作生活了五年，沿海地区的饮食的确很健康很丰富，可我吃了一段时间新鲜的海鲜蔬果后，发现嘴巴里寡淡无味，肠胃在火烧火燎地思乡，怂恿自己立马飞回老家，跑各种地摊小店，把重口味吃个遍，把原来在家不愿吃的妈妈做的饭菜全部吃个够。

我在南方生活几年后，身体并未因为常吃高营养的海鲜水果而变好，反而更差了。一位老中医诊脉后告诉我："一方水土养一方人，有营养的海鲜并不适合你这种寒性体质，你最好的食疗就是吃五谷杂粮……"那一刻，我终于发现，我们无法骗自己，我们的胃口是最忠实的“本我”。

我们的父母，未必是一流的厨师，家里饭菜手艺自然比不上外面的酒店，可总是在我们想念父母的时候，我们的味觉也同时启动，迫不及待想要重温儿时那些熟悉的味道。在我们事业家庭都有所成的今天，还能吃到爸爸妈妈做的饭菜，会感觉自己其实还是那个被爱包围的孩子，内心充满了温暖和安定。也许这就是胃口喜欢怀旧的原因吧。

真正贵的都是无形的

这是一条裙子给我带来的思考。

我特别喜欢穿裹身裙，最早是从网上买来一条，一穿就爱上了它——这个款式也太适合我了。

然后就开始一发不可收拾地到处搜寻这种裙子，从几百元到定制千余元，最后发现了这种裙子系出名门，原来人家是有几十年历史的经典名品。

我找到这个品牌的专卖店一看，一条裙子6000多元，看上去似乎好像大概仿佛……差不多哎……

看，这就是人的本能反应。看到花色款式相差无几，价格却相差十几二十倍后，本能会跳出一个小我：“哼，不都是一样的裙子嘛，凭什么那么贵？！”

然而，正品就像名门闺秀傲然挺立，有一种莫名的气场在吸引着我，让我挪不开步。难道是我的虚荣心作祟：觉得贵的就一定更好？

为了一探究竟，也当作对自己的奖励，于是刷卡付钱，娶个“名门闺秀”回家去。当我捧着“名门闺秀”回到家，第一件事就是打开衣柜，将之前买的网上爆款、定制款全都拿出来，一一穿上对比。这一比不要紧，不仅仅看出了正品和仿品的实质差别，更悟出做衣服和做人一样，正品就是有它贵的道理。

那么，它们的区别到底在哪儿呢？

1

其实就差一口“气”。

正品和仿品的区别，就像人和人之间的差别，硬件都差不多，就差在气场。

一如做人的根底，你是浸泡在书香中长大，还是游走在市井中历练，你的气场自然有记录。

一条裙子的款型好模仿，花色好模仿，质感也可以差不多，甚至做工细节都可以炉火纯青。可到最后就差那么一口气，而这口气就是无形的精髓升华。

正品的面料光泽是内敛的，色彩细腻而柔和，幽幽地浮现着若有若无的光泽，高贵而含蓄。而仿品的面料颜色浮在表面，光色度很高，直直地反着光刺你的眼睛，唯恐你看不见它有多鲜艳似的。

正品的质感是贴肤却毫无感觉的，没有感觉就是最好的感觉。而仿品的质感却因为面料的静电、缝线间距的粗疏、偷冒的线头等防不胜防的细节，败了那种无感的好体验。

这像不像做人？

初出茅庐的少侠到处拔刀舞剑，唯恐别人不知道他会武功；而真正的高手可能是馄饨摊上的老头，只在危难之时出手，手指之处剑气即到。

所以，我们常常看到很多内在匮乏的人，举止张扬，贴了若干标签来给自己撑场面；而内在底蕴丰厚的人，反而低调、谦和，因为他不需要用浮华的外显来为自己证明。

2

正品的衣服用料富足，舍得、包容。

正品裙摆的宽度和长度都非常奢侈，你根本不用担心行走、坐卧时会走光或拘谨。而这部分的用料，在宽窄和长短上是否增减一寸，目测或穿着时感觉并不会很明显，可只要穿着者开始行动，这布料的富足就带给人极大的自由度和舒适度。

这也像大智慧大境界的人，无论多么局促，也会给你足够的余地，让你可以自由发挥。而那些只会做表面功夫的人，总在一些看似不紧要的地方投机取巧，让人毫无防备，苦不堪言。

3

正品衣服的立体裁剪以人为本。贴合人体的立体裁剪是为了关照感受、提升气质。

那么，二者最明显的差异是什么呢？我个人认为在肩和袖的部分。

立体裁剪的肩一定是略往里收的，袖笼和袖子特别窄，这种设计可以很好地贴合身型，并以窄、细、收的方式来彰显女性的柔美。而仿品的肩宽、袖笼和袖子都是正常值，虽然也合身，可就因为少了那一点紧、窄、细，时尚感和柔美感被减弱了很多。

我发现很多高级成衣的最大特点在于，肩型服帖、袖笼特窄，甚至会限制手臂的大幅度动作，而时尚感和高级感就是从这服帖和限制中体现出来的。

这不正像做人吗？自由不是无限制的，该收敛的地方必须有控制。足够宽长的裙幅甚至可以让你自由奔跑，可这紧窄受限的肩袖却会适时提醒你在前行中勿忘肩上的责任、行为的自律。

摊开满床的裹身裙，正品在一堆仿品当中，就像一群网红脸里来了一位名门闺秀，带着秀外慧中的气质。

当然，穿正品还是穿仿品都是自己选择的自由，都可以让我们穿得很乐呵。

只是我们需要懂得正品的价值，尊重正品的身份，不再对正品的贵而耿耿于怀。

真就是有真的实力，贵就是有贵的价值！

懂得感恩更显人格高贵

某日一大早，打开朋友圈，里面是铺天盖地的感恩图片和告白，原来是感恩节。

回复了几个“感恩”词之后，我的职业病又犯了，开始思考到底什么是“感恩”。

网上对“感恩”一词的解释为：“对别人所给的帮助表示感激，是对他人的回报。”基本解释里有一句引起我的注意：“感恩是你对一个没有关系或者关系不够亲密的人给予你的帮助所产生的亏欠心理。”

为何感恩是对没有关系或关系不够亲密的人才会有呢？自己家人给的一切都是理所当然，无需感恩的吗？这让我想起上中学时看过的一篇文章——

一位十几岁的女孩和妈妈拌嘴，一气之下跑出家门。在外面走了很久，天都黑了，又冷又饿之际才发现身上没带一分钱。

她徘徊在夜晚的街头，看见路边有一个简陋的面摊，一位婆婆在卖热汤面，温暖的炉火和热面的香味，让这个女孩难以挪动步子。卖面的婆婆看出她的窘境，问明缘由，便让她坐到桌前，给她端了一碗热汤面：“趁热吃吧，不要钱，赶紧暖和暖和……”

女孩瞬间泪崩：“婆婆，您对我太好了，您对我的恩情我怎么报答啊……”

卖面的婆婆轻轻叹了口气：“姑娘啊，我不过给你一碗面而已，可是，你长这么大，你母亲不知给你做过多少碗面……”

女孩幡然醒悟，感谢完婆婆，一口气跑回家，扑到妈妈的怀里……

这篇短文里反映的就是我们习惯的认知：和我们没有关系或关系并不亲密的人，如果给我们滴水之恩，我们恨不得涌泉相报。可是对于自己最亲近的家人所给予的一切，却仿佛空气一般的存在，我们早已习以为常，认为是理所应当，所以视而不见，甚至还会挑剔厌烦。

还有一次，我和另一位婚姻情感导师作了有趣的探讨：爱人缘尽分手，爱的尽头是什么？

我的观点是：爱的尽头不是恨，而是漠然。如果还有恨，说明没有真正放下那个人，而漠然和淡忘才是爱的尽头。同行却说，她的研究发现是：爱的尽头是感恩。你会感恩对方陪你走过的人生路，就算曾经的伤痛也是帮你修的人生功课。

这段话让我琢磨了很久，现在回想起来，深以为然。

“恩”是没有权利得到却得到的东西，对“恩”有感谢的感觉就是“感恩”。

那么，什么是我们没有权利得到的呢？路人给你的一个微笑；朋友发来的一句问候；乘电梯时有人帮你按楼层；推开家门，喷香的饭菜已经摆上桌；体检报告显示身体健康；网购来的衣服出乎意料地满意……这点点滴滴都值得我们去感恩。

你也许会说，不至于吧？这不都是最不起眼的小事吗？这不都是我本来就该有的吗？请问，哪一项是你本来就应该有的呢？想一想，没有一样是我们理所应当得到的。

感恩，不分大小，时常心怀感恩，会让自己的幸福感和满足感激增：这么多本不该我得到的东西我都拥有了，想想都觉得心满意足。

幸福并不是来自你拥有东西的多少，而是来自你对自己拥有的东西所持有的感恩心态。

感恩，并不会把自己变得渺小低微，反而更显人格的高贵，更受人尊重。在能量层面，你感恩什么就等于将你的能量聚焦在那里，激活那份振动频率，越感恩越收获，越感恩越丰盛。

所以，我们经常看到懂得感恩的夫妻和和美美，羡煞旁人；在职场里懂得感恩的人，遇到了更多的贵人；在生活里懂得感恩的人，总是招人喜欢，受人信任，活得轻松快乐。

受恩莫忘报，施恩莫望报。真正的爱不图回报，期待回报的爱是等价交换，或是以爱的名义去操控。爱，不是为了拥有或操控他人，而是给了你为他多做一些事的动力；恩，绝不是为了交换，而是你内心愿为他去做事，同时也让自己的内心更喜悦丰盛。

最后我决定去践行感恩——值此感恩节，说了这么多感恩的话，还不如去做些有意义的实事。我找出闲置的衣服、棉被，打了一个大大的包裹，扛到邮局捐给有需要的贫困山区。做着这些的时候，我的内心充满感恩：上天对我真的很眷顾，让我不仅丰衣足食，还有能力去帮助其他人。

“恩”，其实就是爱的能量场；“感恩”使这份能量开始流动。施之自然，受之坦然，我们在施与受的能量流动中不断成长！

“知道”和“做到”

我们来念绕口令：“我们常常以为我以为的就是我以为的，却不知道自己不知道自己不知道。”

我们常常活在由自己的感官塑造出来的主观世界里，我们都是闭着眼睛摸大象的瞎子，也是自己井里的那只仰望天空的青蛙。

我们常常坚持自己看到的听到的摸到的就是真实的世界，却忽略了没有两个人是一样的，月亮也是有背面的，天外还有天。

或者是知道这些道理，也认同这些道理，可事到临头能清醒地认知并真正做到吗？

结果往往是——

我们不知道自己不知道自己不知道。

我们常说做人要“知行合一”，也深知“知易行难”，却仍旧自以为已经知道已经做到了。

事实上，“知道”和“做到”之间，有时只是一层窗户纸，有时却隔着千山万水。学了再多再好的知识，如果不能在生活中践行，那也只是枉然。

知道却做不到；知道自己知道却做不到；知道自己知道做不到却还是做不到……“知道”是会背九九乘法表，“做到”是生活中会用乘法算账。

身边很多人不停告诉你“你应该这样……，你应该那样……”，“应该”这个词听起来很有道理，其实是最无力的，尤其在“价值”面前。

一个人做一件事、做一项选择是一种行为，可推动这种行为的是价值。价值是实实在在地对你说，这样做对于你有何好处。这个好处并非是钱，精神的愉悦、心理的满足、身份的认同是更深层的价值。总之，在我看来，直面问题、接纳问题、解决问题，这是一个成年人心态成熟的表现。有知识不代表有智慧，有文化不代表有修养，有身价不代表有身份。我们必须先把自己做好，才有资格和能力去影响他人，把自己的分内事做好，就是对社会对世界最好的贡献。把学到的知识一点点地在生活里践行，就是在真正做你人生的功课了。

爸爸战斗过的地方

2015年，我和妈妈、姐姐完成了一件几十年的夙愿——来到爸爸生前工作的地方。

原来，爸爸工作时是这样的，我仿佛重新认识了我的爸爸。

我已经有很久没有叫过“爸爸”了，现在如果再发出这两个字的音，都感觉有些生疏。爸爸1994年就因病去世了，走的时候才50岁。

到我这个年龄，会感觉称呼“父亲”比较正式一些，可我还是习惯叫“爸爸”，因为在我的印象中，我还是当年那个坐在爸爸自行车横梁上的小女孩，是那个青春期和爸爸顶嘴吵架的姑娘。

我的爸爸出生在河南小城的一个平民人家。20世纪60年代初，他大学化工专业毕业，被组织秘密进京，懵懵懂懂进了北京才发现，一步登天进了国家最高的保密单位：七机部××研究所。

后来我才知道，当年的七机部是做洲际导弹（航天）研究的。他在那里从事导弹科研工作。这对于出身平民的青年来说，无疑是一份莫大的荣耀，他将自己火热的青春投入到了工作中。

爸爸和妈妈是在老家认识的，妈妈也是20世纪60年代初的大学生，在她的工作领域同样出类拔萃。爸爸妈妈结婚后分居两地，那个时候爸爸的工作性质非常保密，和家人也不能提及自己工作的详情。妈妈到北京探亲也只能住在生活区，每天目送他骑着自行车去上班，从没进过距离不远的研究所大院。

时事弄人，“文革”期间爸爸妈妈的工作都受到了冲击，陆续回到老家工作。父母一直有着那个年代的知识分子的清高与单纯，我们姐弟三人从小就在一个充满书香的环境中长大。从小我们没什么玩具，可家里却有两个满满当当的大书柜，大院里的孩子们都习惯去爸爸的书柜里淘宝，我到现在还保存着当年爸爸买的70年代版本的《红楼梦》《西游记》等名著。

爸爸给我们留下的印象，就是从早到晚坐在沙发上捧着本书看。他戴副黑框眼镜，不苟言笑，性情耿直，说话不拐弯。他对家庭负责，对妻儿关爱，但这份情感是不外露不表达的，在我记忆中，他从未把孩子抱在怀里叫“宝贝”或“乖乖”。如果我们犯错，他的大巴掌就会重重地拍到我们的屁股上。我记得自己大概6岁时崴了脚，被爸爸抱了起来，小小的我受宠若惊，那感觉记忆犹新。

爸爸个子很高，平时骑一辆二八大链盒自行车，星期天总会一辆车载着三个孩子去姥姥家。姐姐坐在后座，我和弟弟挤在前面横梁上，弟弟在最前面，我就挤在爸爸宽大温暖的怀里，清风掠过我们的脸庞，妈妈在旁边骑一辆小自行车，一家五口的温馨记忆一直都留在我的心底。

爸爸一生耿直清高，他是专业领域里的巨人，却是世俗生活里的弱者，不懂得迂回曲折的人际关系。由于专业无用武之地，所以他总有些郁郁不得志。小时候偶尔听他提起在北京工作的辉煌与神圣，我们三个孩子都似懂非懂。这位曾经在中国航天领域里挥洒青春的人，回归到普通的生活里，就是每天下班手里托着一块豆腐或一包馒头回家做饭的居家男人。

我和姐姐到了中学都会上晚自习，他去接我和姐姐回家，高大的身形和严肃的表情吓跑校门口一群等着撩女学生的“小流氓”。他会一路告诫我和姐姐，不许爱慕虚荣不要讲究吃穿。

爸爸妈妈毕竟都是见过世面的人，虽然只有紧紧巴巴的工资，可我们家是最早买电视机的人家，九吋黑白电视机在当地引起轰动，开电视时会有很多邻居像看电影一样挤满我家屋子、趴在我家窗口。我记得我看过华主席的新闻，看过中国最早的电视广告，我们在有限的环境中一直保持着一颗向外看的心，这些都是爸爸妈妈给我们的。

爸爸妈妈两个人都是普通干部，用他们微薄的工资培养我们姐弟三人上大学。当我和姐姐大学毕业参加工作时，父母终于可以喘口气享享福了，爸爸却在他50岁那年患病去世，一直也没有再回到自己曾经最心爱的单位去看看。当时姐姐分配工作在外地，弟弟也在外地上大学，只有刚参加工作的我一直陪在他身边。那段时间我和爸爸的感情连接最深，爸爸去世的当晚，是我握着他的手看着他离去的。

我后来离开家乡出外闯世界，在外地漂泊时经常梦到父亲，那一幕幕都是我童年记忆里的生活画面，没有恐惧，只有亲切和熟悉。后来学了心理学才明白，那是因为我孤身在异地，内心缺乏安全感，而父亲是我力量的源泉。

2015年春天，我无意中得知爸爸原来的单位还在，便觉得冥冥之中自有安排，于是在朋友的帮忙下，带着妈妈和姐姐走进了这神圣的保密单位——中国运载火箭技术研究院。

72岁的妈妈还记得当年那个大门的方位，当她看到大门，一时之间百感交集、泪如泉涌。

当我和姐姐站在那神圣的大门前时，一下子明白了爸爸生前的郁郁之感。我们小时候偶尔会听他说起他的单位他的导弹研究，但我们对此毫无概念，还嫌他唠叨。可那时那刻，当我们站在威严的大门前，通过重重关卡，办了各种手续才得以迈进那神秘而神圣的大门，并找到了父亲生前工作的那栋大楼——虽然里外都已经重新装修，并改了名字，但还保持着原来的结构，楼外层爬满了森森的爬墙虎。

我们站在楼外感慨万千，我能感知那里就是爸爸生前战斗过的地方，因为我分明感到自己浑身发僵，手脚发热，甚至能感觉到爸爸在对着我开心地笑……那是冥冥中的力量，是爸爸在指引我们去到那里，那一刻我感觉到父亲的力量源源不断地流进自己的血脉，我深深地为自己的父亲感到自豪和骄傲。

我的父亲，曾经那样风华正茂、意气风发，曾经为共和国的导弹事业奉献过自己的青春，曾经登上那么高的人生舞台，他在我心目中的形象终于变得丰满、丰富起来，当孩子能够为自己的父母感到自豪时，父母给予的力量就更加丰盛……

我们在航天博物馆里拍照留念，并了解了中国航天历史，知道有无数像爸爸一样的人为中国航天事业默默奉献，他们为大的系统做事，肩负着大的使命，他们中的很多人，终其一生都默默无闻，却是历史辉煌事业的奠基人和建设者。

我在航天博物馆买了三套航天读物，给家里的孩子们一人一套。妈妈说："怎么买那么多，他们又看不懂……"

我说："看不懂没关系，摆在书架最上方，让他们知道，自己的爷爷（姥爷）曾经如此辉煌，让他们为自己的祖辈感到骄傲。我们身上流淌着优秀的血液，我们有资格有能力活得更好！"

谁不是委屈大的？

一、家有小女初长成

我家小妞高三那年，9月下旬顺利结束托福考试后打算出国，我以为她要就此在家轻松玩到入学，谁知她转身就去申请做国庆节九天托福集训营的助教工作。

我看着她因考托福爆出的一脸痘痘着急道：“你好不容易才脱离那没日没夜的苦海，怎么又进去了？做助教很辛苦的，你又没做过。”

妞不以为然：“没做过才要做，辛苦怕什么，我还能学到很多东西呢！”

女儿长大了，知道主动学习了，妈妈当然要支持！

我叮嘱她：“你是助教里唯一的女孩，年龄最小，熬夜跑腿出力的事多让那几个男助教做，你做力所能及的就好。”

她白我一眼：“那哪行？做助教就是要服好务。我们上课的时候，助教都陪我们熬了一夜，还要给老师跑腿买饭，安慰情绪失控的同学，替生病的同学买药送饭。人家能做的，我也可以。”

女儿长大了，有服务的意识了，妈妈要支持！

约定好妞每天给我微信报平安。第一天是夜里12点，第二天就变成凌晨2点多，一大早她又发信息说：做了助教后才体会到助教的辛苦，感觉自己真的长大了。

女儿长大了，懂得责任与担当，我既心疼又欣慰。

二、不是所有的付出都会被看见

一天下午，妞给我打来电话，说自己实在扛不住了，回房间休息一会儿。

她跟我说起几天里做助教的情况：“活儿都是我做了，可是那几个不干活儿的人却抢着邀功，老师夸的也是他们几个……”说着说着，在电话那端有了情绪。

我开解她：“是的，宝贝，现实的世界没有你想象中的公平……”

等她情绪稍稍平复了，我接着说：“其实你也可以学他们偷偷懒、邀邀功，只是你愿意吗？”

妞在电话那头说：“我才不要像他们那样呢！”

我说：“所以，是你自己选择了自己要做什么样的人，是你选择要踏踏实实多干活的，对不对？只是你期待你的努力都要被人看到并被认可，做一点事就想得到夸奖，这是小孩子的心态。你是高三学生了，已经长大了，开始走向社会，外面可不像在家里，爸妈都会照顾你的情绪和感受……”

妞在电话那边沉吟：“嗯……”

“你知道吗，宝贝，我并不担心你吃苦，我只担心你能否受得了委屈……”

妞开始在电话那头抽泣。

我说：“现实社会中，不是所有的付出都会被看见，都会被承认、被夸奖。妈妈到了这个年龄，经历得比你更多，可能做了很多，不但不被认可，反而还会被误解被攻击，那怎么办？难道我就因此什么都不做了吗？”

电话那头的声音开始稳定了：“哦，妈妈……”

“我们做事是为自己做的，做什么样的事取决于我们选择做什么样的人，所以我们是为自己做的，又何必为一时的得失感到委屈呢？”

“嗯……”

“妈妈还要提醒你，你刚开始工作，不用太过卖力地付出。因为你越是过于付出，内心就越会期待得到认可和表扬。期待一旦落空，反而会有情绪，同时身体也扛不住，结果事情也可能虎头蛇尾。所以，先保证好自己的身体，做你该做和能做的，同时明白是为自己而做，不期待必须有回报，这样的话，一旦真的有了回报，你会加倍开心的。”

妞在电话那头破涕为笑。

“好了，想通了，就去睡一会儿吧，连续几天熬夜谁都会撑不住的。把自己的身心状态调整好，才能保证接下来几天做好助教。第一次工作，不必争意气，善始善终最重要。”

妞的声音明显释然了很多，挂了电话去睡了。

其实我很心疼妞——

她考托福这段时间压力很大，经常熬夜，爆了一脸痘痘，刚去美容院清了两次，挤痘痘时两层楼都听得见她的号啕大哭，完全是个孩子。美容师反复叮嘱她不能再熬夜，可她戴着口罩继续冲进集训营做助教，去服务那些比她大很多的老师和学生，估计回来后还得去清痘大哭一回。

每个妈妈都爱自己的孩子，都恨不得把她捧在手心里。可我再爱自己的孩子，她的路最终还是她自己去走，该体验的挫折还是要她亲自上阵，父母真正能给孩子的，就是精神上的支持与爱的祝福。

三、谁不是委屈大的？

心疼完妞，不由得开始心疼自己。

想起刚才给女儿说的话：“我不担心你吃苦，我更担心你受不了委屈。”我的委屈也来了。

委屈，这两个字看着就让人委屈。

委屈是孩子对父母特有的情绪，真正心智成熟的成年人没有委屈。我承认自己内心有个委屈的小孩，想起自己一路走来所遭受的各种不公、质疑、非难，有时真感觉挺委屈的。只是人到中年，不能找爸妈哭诉了，那就自己咽了吧。咽着咽着就习惯了。谁不是委屈大的呢？

马云说：“男人的胸怀都是委屈撑大的。”

女人呢，其实更不容易，谁不是委屈大的啊？

世界也是公平的，你想做成多大的事，就得承受多大的压力和委屈，你也能够收获多大的人生价值。

干了这杯委屈的酒，该干吗干吗去！生活中美好的事都在等着我们呢……

做真正喜欢的事，选值得爱的人

女儿今天要独自飞往美国读大学。

写下这句话，一直在回避这件事的我，真的流泪了。

女儿出国读大学是好事，说明我的宝贝长大成人了，要展翅高飞了，爸爸妈妈把所有的爱化作祝福陪伴你远行。

我不知道别的妈妈会在这个时候做什么，反正一直到离女儿出国仅有一个月的时间，我还什么都没准备，甚至回避陪她去做出国前各种体检、签证的事，只告诉她我很忙，让她自己去准备自己的事。

甚至有一天上午下大雨，女儿自己去毕业的中学开证明，带着哭腔给我打电话说地铁停运了，她一个人在雨里打不着车，到处找公交站。

我很心疼，但还是很镇静地跟她说："好了，宝贝，妈妈知道这个时候你会很着急很想哭，可妈妈这个时候帮不了你。以后你一个人在国外，还会遇到类似这样的情况，这个时候解决问题比找妈妈诉苦更重要，所以赶紧去找公交站吧！"

放下电话，我也觉得自己"铁石心肠"，可妈妈再爱孩子也不可能代替她做所有的事，她要学会独立照顾好自己的人生，尤其在出国之前，先经历一些这样的事，积累些经验，总比在国外打电话找我哭更好。

学心理学时，我第一次看到那句话：“真正的亲子之爱是指向分离的”，当时感觉很刺心，想立刻闭上眼睛装作没看到，可最终还是告诉自己：这是事实。

这种指向分离的亲子之爱，现在越来越清晰地逼近我面前。

女儿要出国这件事，我一直在回避，甚至一直都没有做什么特别的准备，好像一切如常。

我对女儿说：“现在又不像以前通信困难，经济紧张，那时候留学生要靠写信和攒钱打国际长途才能和家人沟通。现在多好啊，每天都可以视频聊天的……”

甚至女儿问我：“人家说送孩子去国外读书，爸爸妈妈都哭的不得了……”

我也“轻描淡写”地说：“我觉得我不会哭的。你出国上学是圆了自己童年的梦想，是好事喜事，我一定高高兴兴。同时，爸爸妈妈都很忙，好多事等着做呢……”

其实，我知道是我一直不想面对这个话题，也不愿意让女儿为我们担心，我知道只有我们都可以好好地照顾好自己，对于彼此才是最好的祝福。

还是有好多话需要叮嘱——

1

宝贝，永远记住：没有什么比你的安全健康更重要！

你能保护好自己，照顾好自己的人生，就是给爸爸妈妈最好的回报。

在穿着用品上够用实用就好，但在安全健康方面你不用节省。

不要为了省钱或省时间一个人坐夜车或搭顺风车，不要图便宜住治安不好的旅馆，这是最起码的自我保护。

不要在吃饭方面凑合省钱，要保证一日三餐营养到位，吃饭的钱再多也不会比进医院的钱多。

尽量不要晚归，尤其不要单身晚归，去哪里尽量和同学朋友一起，太刺激玩闹的地方还是少去为好。

刚到一个新环境，保守一些没有坏处。

你要学会出门前看天气预报，看新闻路况，包里要带上伞、小包装的隐形眼镜盒、框架眼镜、纸巾、纸笔等必备物品。

办重要的事之前，一定提前列个清单，把该准备的证件备齐，把能想到的可能性都准备好；能提前打电话预约好的一定不要图省事，不要想当然别人“应该”在那里等着为你办事，这个世界上真的没有那么多爸爸妈妈，多做准备并不多余。

你要记得，所有的从容应对不是手足无措地无奈接受，而是充分准备之后的接纳变化。

我们都会遇到办事不利、突发受阻的情况，着急、委屈、恐惧这些情绪会出来，妈妈都理解，可是请先把这些情绪放一边，先问自己：“怎么办？”而不是茫然哭诉：“怎么会这样？”

要把注意力先放在解决问题上，积极想办法去尝试，你会发现其实很多事都没你想象的那么可怕那么难。

等事情解决完放松下来后，就可以给爸爸妈妈打电话诉苦了。把你当时的委屈、害怕、担忧伴着鼻涕眼泪一块发泄出来吧，我们就是你最好的倾诉对象。

当这些负面情绪全部发泄完后，再跟爸爸妈妈讲讲你是如何积极面对解决问题的，让爸爸妈妈也跟你学几招，我的宝贝又因此长本事了！

一个人在外，要学会理性与感性并重。遇到问题，先处理事情，再处理情绪。

也许，你还可能犯错，甚至捅娄子。

你可能会担心被爸妈骂，让爸妈担心，可能想隐瞒下来自己偷偷处理。

宝贝，请千万记住：爸爸妈妈爱你，并不是因为你有多优秀多完美，而是因为你是我们的孩子。

人这一生，谁会不出错，谁会没失误？

我们就是在失误中获得经验成长起来的，爸爸妈妈也都是这样走过来的。

如果你真的做错事，又瞒着爸爸妈妈，自己去紧张慌乱地处理，有可能会造成更大的损伤。

所以，爸爸妈妈是最值得你信任的人，我们可能真的会骂你、会生气，而更多的还是考虑如何去更好地保护你，让你的未来少受伤害。

我们依然会爱你，并为你骄傲——因为我们的宝贝可以认识到自己的错误并勇敢面对，愿意和爸爸妈妈一起面对、解决，从中汲取经验教训，学会有效的解决方法，以后避免出现类似的错误，你的人生，也因此而成长。

2

不要为眼前的利益偏离人生的方向。

你去了美国，不要做代购。

妈妈没有任何歧视代购的意思，正是因为知道做代购很辛苦，是要投入大量时间精力心血才可以做好，所以我才提醒你：不要做代购，因为你没有太多时间精力去做代购，你要向着自己的人生目标直线前行。

你在童年时期，就明确了自己未来要到美国读书。现在你的梦想初步达成，需要你集中心力精力去达成。

很多孩子到国外读书，发现帮国内朋友买买东西做做代购，很快赚到些钱，会让你感觉赚钱很容易，所以会继续投入精力去做代购，结果呢，这些轻易得到的眼前的利益就会牢牢吸引着你持续深入，你就偏离了自己的人生目标。

年轻女孩子做代购，天天在花花物质世界里跑来跑去，除了刺激你的物质欲，似乎得不到更多的精神滋养，慢慢就会影响到你的学业，没有哪家公司以后是要购物专业毕业的吧？

假如你真的喜欢做代购，也可以啊，很多职业代购真的很努力也很优秀，做个好代购也是需要付出辛勤努力的。

按优秀代购的标准来看你，无论从商业眼光、精打细算、吃苦耐劳等各个方面，你似乎都没显示出过人之处，也就是说：你要是做代购，未必能成为代购群体里的佼佼者。拿自己的短板去和别人的长板抗衡，这是最吃力不讨好的事了。

妈妈年轻时认识一对夫妻，在当地职业高中教美术，夫妻俩在美术方面都很有才华，后来双双停薪留职到中央美院进修，踌躇满志打算开创艺术家之路。

进修结束后俩人想留在北京打拼，他们想先在北京生存下来。妻子就在批发市场接了一个服装摊位，想着一边挣钱一边发展俩人的艺术人生。

理想很丰满，现实很骨感。人就怕进错平台、认错身份。如果把林黛玉放到刘姥姥家去种地，她只是个没用的病秧子，原来的优势就是现在最没用的缺点。

果然，接下来的生活就无法掌控了：妻子主外，每个月至少20天都在往南方厂家进货的大巴车上，长期拖拽大包裹大纸箱，画画的手指都变形了；丈夫主内，守摊卖货，可他不善沟通、骨子里清高，经常和顾客吵架、和市场管理人员闹矛盾。

他们原以为忍一忍，在批发市场客串几个月，就可以继续在美术馆、画展里游走了。可是，上了船哪那么好下来？所有的积蓄投资进来，没赚到钱还积压了很多衣服，舍不得放弃就要继续再借钱投资进新货……

就这样，他们一年一年被困在这个并不适合的平台上，被琐碎的小生意消磨了棱角，局限了视野。他们在批发市场，更像两个不谙世事的老师，到了艺术界朋友圈子里，他俩身上有着挥之不去的地摊气息。

三年后，俩人狠狠心卖掉了摊位，回到小城的学校继续做老师，再也不提自己的艺术梦。

亲爱的宝贝，我把这个发生在身边的故事讲给你听，是要叮嘱你：一定要清楚自己未来要什么，集中精力向着那个目标前行。千万不要为眼前的小利益偏离自己的方向，选择大于努力，平台决定价值。

人生，要么吃学习的苦，要么吃未来生活的苦，你总要选一样。

3

做真正喜欢的事，选值得喜欢的人，宁缺毋滥。

女儿去美国读大学选了心理学，是她自己选的专业，我和她爸爸都表示支持。

有天女儿忽然跟我说：“妈妈，我是不是选错专业了？大家都说心理学太小众了，不好找工作！”

我问：“那你觉得要选什么专业是好找工作的？”

她迟疑了下：“他们告诉我说去学大数据。”

我问：“我不懂，你懂吗？”

她摇摇头：“我也不懂。那学金融？学工商管理？这些好找工作啊！”

我问："你说到这几个专业的时候有兴奋的感觉吗？"

她乐了："没有……"

我说："我从不相信什么小众专业不好找工作这个说法，我只认为你只有选择了自己真正喜欢的专业，才会有持续的热情和灵感学好它。"

所有的工作只和你的专业能力是否强有关，如果你选了一个热门的专业，只代表你一头扎进这个专业的蓝海，可是如果你不喜欢并且没有这方面的天赋，你就是在这个领域里也是不起眼的芸芸众生，这样的人生有意思吗？

心理学专业再小众，存在就代表有需求，把自己喜欢的擅长的专业做精做专，服务好有限的人群就足够了，你还想啥呢？

摆地摊门槛最低，就业门路最广，随时开张上岗，满大街都是你客户，你做不做？

做你真正喜欢的事，选你值得喜欢的人，宁缺毋滥。

未来你找男朋友也是这个道理。

我知道你挺郁闷，长这么大还没有谈过恋爱，好像现在男孩子都喜欢网红脸类型的女孩。

这样品位的男孩怎么配得上你？

我明白作为女孩子会有些失落，但是这并不影响你的未来。

女孩，未来成为女人，我们并不是为了取悦男人而活的，所以不能因为他们喜欢什么样的女孩就去把自己整成什么样。喜欢千人一面的男孩自己也一定是人云亦云的一员，不懂得欣赏你独特之美的男孩，根本配不上你。

所以千万不要以他人的标准来改变自己，也改不了多少，改不了多久，为了迎合他人口味改变的女孩也得不到尊重。

不同的花朵只是绽放的时间不同而已，你是如此天然、纯真、独特的花朵，一定会有真正懂得欣赏你、呵护你的男孩出现，只有真正懂得欣赏你尊重你爱你的男孩，才值得你去爱。

所以，你并不需要为让很多男孩喜欢而改变自己，只需要做好自己，爱那个真正爱你的并值得你爱的人就够了，宁缺毋滥。

我知道现在社会风气开放，男孩女孩都很容易牵手或分手，也知道年轻人也都喜欢去夜店玩，我不能说这一定都有问题，只是这种场合诱惑和危险因素会多。

爱玩是人的天性，对时尚热闹的地方有好奇心很正常，和信任熟悉的朋友们一起偶尔去感受没问题，但若经常泡在这些地方就难免不湿鞋了。

女孩子，要学会把自己当作珍宝，不随便让自己沾惹污浊，这是对自己的保护和爱惜，自尊、自爱绝对是永远没错的。

妈妈作为过来人告诉你个事实：男人就算自己很爱玩，可如果找真爱伴侣的时候，是不会在夜店这种环境找的。

所以，你要懂得自己的人生究竟要的是什么，不要被眼前的利益障碍了远方的目标，当下的快乐不能损害自己的未来，再颓的事情也有积极的意义，一念之转海阔天空。

4

所有的“狠心”，都是因为爱你！

再回到下大雨那天的晚上，经历了上午在暴雨中打不到车的委屈，经历了到学校没带全证件白跑一趟的辛苦，哭了好几桶眼泪的女儿开始认真起来，列好清单一件件对照整理各种证件，自己还念叨：“这一次真把我教训改了！”

做父母有时真的要“狠狠心”让孩子去经历些挫折，因为真正的亲子之爱就是培养出孩子照顾自己人生的能力。爸爸妈妈所有的“狠心”，都是因为爱你！

今天早上，为宝贝煮了一碗饺子，出门的饺子回家的面，祝福我的宝贝一路平安，无论你长多大、走多远，爸爸妈妈的爱与祝福永远伴随你。

你值得这么贵

女儿学音乐专业，天天离不开钢琴，可是钢琴成绩一直差强人意，跟过不同的老师学钢琴，一直未见大的突破。每每在家听女儿练琴，我都能从琴音里听出她的焦躁和无奈。

后来终于辗转找到一位著名的钢琴老师，系某音乐学院名师，海归，经常出国演出，有多个荣誉头衔，而最令人侧目的是——贵。与之前女儿学钢琴的费用相比，价格高得有点令我们无所适从。而且学钢琴这事儿也不是十节八节课就能解决问题的，这才进个门，以后的路还长着呢。可女儿的钢琴提升迫在眉睫，我们还是决定去试试，也许贵真的有贵的道理呢。

我亲自送女儿去，一路琢磨着："哼哼，我倒要看看你是不是贵在头衔和包装上。"

到了一个环境幽美的小区，敲开门，见到了这位钢琴老师，有种很自然闲散的风度，好像就是印象中钢琴家的样子。

好吧，第一印象不错，至少是我见过的能让我放心又放松的钢琴老师。之前见过的钢琴老师，坐在钢琴旁边似乎都有一种让人"如临大敌"的紧绷感。

45分钟的课，我就在小区里溜达等候。下课就是一眨眼的事儿，只见女儿满面春风地蹦跶着向我走来，眯起眼睛向我感慨：“妈妈，这老师真不错！”

哎哟！这么快就洗脑了啊？我好奇极了：“是吗？快说说，怎么个不错法？他到底和普通老师有什么区别？”

女儿向我一一道来。

“他眼睛很毒，看问题看得准，而且角度很特别。”

“哦？比如？”

“他说我弹琴时候的坐姿有问题，是这个坐姿造成了我弹琴时状态紧绷无法放松。而之前，很多老师都看出我弹琴紧张，可就是说不出来问题出在哪里。今天这位老师一眼就看出我坐姿重心不对，造成我用力过度……”

“看问题稳准狠，的确算是好老师！”我肯定地点了点头。

的确，好老师和普通老师的区别就在这一点：能从别人发现不了的细节上找到问题的根源，而且是一眼看到，一语中的，一招制“敌”。这一切基于丰富的实战经验和超强的感知能力，换句话说：好老师是跳出问题看问题的。

女儿接着兴奋地说：“老师让我每天用半个小时的时间坐在钢琴前找正确坐姿带来的美妙感觉……”

哎哟！不仅一眼看出问题所在，还能开出最简单的“药方”，让你轻松解决“顽疾”。

“妈妈，你知道吗？这位老师让我每天只需练琴一个小时就够了，其中半个小时都用来找感觉。哈哈，只有一个小时啊，要知道以前的老师都是让我每天练习至少三个小时，还有让我每天练习八个小时的，我基本上听完就半条命没了。更重要的是，我在挨了批评还不知道怎么解决的状态下，再去继续练琴三四个小时，往往只会越来越郁闷，越来越紧张……”

“解决问题简单轻松有效，有自己独到的解决方法，还能让学生欣然接受并充满希望，果然是好老师！”我继续称赞。

女儿说到最后眼睛开始发亮：“老师还说，弹钢琴并不是机械的技术活，而是一种能量的流动，那股能量是有生命的，要感受到自己和钢琴之间的这种能量是活的……我听完这句话一下子就找到了感觉，开始爱上眼前的钢琴了。当我听到老师弹奏时，我好像第一次感觉弹琴是这样美好的事，钢琴曲是这样的动听，妈妈，我现在特别想弹钢琴……”

看着女儿兴奋发亮的眼睛，我看到她终于开启了她与钢琴的美妙之旅，她终于开始享受钢琴。能为女儿开启一段轻松愉悦的人生之旅，这样的好老师值得这么贵！

怀揣无限的热情，将一件事情赋予美好的意义，并感染和影响学生去热爱，使学生有了内在驱动力，这样的老师的确是好老师。

如果学习一件事让你感觉辛苦疲惫，要么是这件事情不适合你，要么就是你的方法有问题。好的老师会让你明白：想要做的，都可以做好；可以做好的，都可以做得轻松。

如果一门学问本身很好，却让学生学起来感觉晦涩难懂不能应用，那这一定是老师教学方法的问题。好的老师就应该把高深的学问深入浅出讲明白，使学生听得懂，做得出，有效果。

我的教学中也会遇到这样的问题。有学生发来朗诵练习的音频，听起来她是按照授课技巧努力在做，可就是感觉拿腔捏调不自然。

我听完音频对她说：“你朗诵的时候内心的愉悦度不够，嘴角一定是习惯性朝下的，所以语气所传达的欢快感就不足。”

此言一出，把学生吓坏了，以为我有千里眼，隔着几百公里也能看到她朗诵时有无嘴角上扬。

更有学生总结说，我给他们纠正吐字发音的时候，能把他们的口腔细化成一个坐标系，舌尖位置、口腔内膛、气流运行路程都能精准到一个一个的点，而这一切同样是靠我的耳朵听出来的。如果我没有大量的实践经验和教学经验，这一语中的、一招制敌的能力从哪里来？

有学生做打开手臂的动作，大致看上去是那么回事，却总感觉拘谨有余，气场不足。她也很想做到有力有范，可就是不知道问题出在哪里。我对她说：“把你的腋下打开，手腕不要打折，手指尖到肘部保持一条直线！”

结果——治愈！

有学生在作业中讲述，她从来不愿麻烦别人，连搭乘顺风车都是“打死不坐”的，即便麻烦了别人，也一定会赶紧做些事补偿，她认为不给别人添麻烦才是美德。

我给她作业的反馈是：“人与人之间的关系是相互‘麻烦’出来的，是在付出与收取的相对平衡中发展的。你说你‘打死不麻烦别人’，这让我想起张德芬说的‘亲爱的，外面没有别人，只有你自己’。我再给你加一句：你真的只剩你自己了。”

她看后瞬间泪崩，已经多年不会哭的她关在房间里哭了个痛快。

难道我只是把她惹哭就算了？一切改变源于信念，当她固有的信念松动并尝试着改变的时候，她的外在也发生了惊人的变化。她变得越来越柔和美丽，也乐于去赞美别人了，更不再天天叫苦叫累了……

所以，回到正题，好老师看问题稳准狠，解决问题简单有效，他能激发你的梦想、挖掘你的潜力，支持你轻松快乐地追求自己的梦想。

第二章 不一样的思考：问题本身不是问题

人生总要面对很多问题，
先打破你信念的框框，
万事不要以偏概全。
你的纠结并不是你真的缺少什么，
而是你非要按你的信念标准去要求什么。
不一样的选择造就不一样的人生，
你的人生，
尽在你的掌握之中。

我选择，我负责

在一次课堂上，有这样一段对话：

学生：“老师，我在单位工作快10年了，对单位那些人浮于事的风气越来越反感，可是离开又不是一句话的事，我很痛苦，我该怎么办呢？”

老师：“这份工作是你自己选择的吧？”

学生：“是的。”

老师：“在这家单位工作了10年也是你自己选择的吧？”

学生：“嗯，是的。”

老师：“对单位的风气表示反感也是你自己选择的吧？”

学生：“嗯，是的。”

老师：“反感的同时又不离开也是你自己选择的吧？”

学生：“嗯……是的，可是……”

老师：“反感又不离开，还痛苦了10年也是你自己选择的吧？”

学生：“嗯……是的……”

老师：“既然都是你自己选择的，你为什么问我呢？”

我们的今天是昨天选择的结果，今天的选择又决定了我们的未来。

虽然有那么多的“可是……”“不怪我……”“我没办法……”，可还是你自己选择的是不是？

老师还讲了他自己的故事：

他儿子考大学的时候，征询父亲的意见：“爸爸，我打算选择这所大学的这门专业，您看可以吗？”

老师说：“你选择这个大学的这门专业，我支持你。你选择另外一门专业我也支持你。你选择另一所大学的任一门专业我依然会支持你。甚至你不想考大学选择去开大巴做清洁工，我还是会支持你。只要你每天都轻松快乐，用你的工作给周围人带来帮助和快乐，作为父亲，我都会为你感到自豪。”

台下掌声雷动……

老师又接着说：“其实开大巴做清洁工根本不是问题，问题是有人自己选择了开大巴做清洁工，内心却不愿意干这工作，而更大的问题在于：你不愿意开大巴做清洁工，却又不愿去改变！”

老师的这段话道出了很多人纠结的根源：“我不愿为自己的选择负责。”

有万无一失的选择吗？没有。万事一把双刃剑，任何选择都有利弊得失。我们能做的就是：选择时不犹豫，选择后别后悔。

那你还犹豫什么呢？

有什么选择是永远利好的吗？没有。塞翁失马焉知非福？输赢好坏都是在变化中的啊。

那你还有什么可后悔的？

面临选择时我们都会左思右想，权衡利弊，所以当时的选择肯定是最好的，否则你不会选择；而选择后不尽如人意，也不用后悔抱怨，你怎么知道另外的选择就一定更好？

曾有位刚离婚的女士来找我，怨气冲天地控诉其前夫："都是这个男人当初骗了我，我把自己的青春、事业都放弃了，为他付出这么多年，可他却抛弃了我，毁了我的一生！"

我说："结婚后把自己的未来全都托付给他，是你自己选择的吧？"

女士："是，那是因为他承诺要养我一辈子。"

我："既然是他的承诺，那他可能会改变，这是你无法控制的。"

女士："他怎么能说变就变呢？当初就是因为相信了他的承诺，我才决定嫁给他的啊！"

我："当初是你选择相信他的吧？"

女士："那是因为我当初年幼无知，而他骗了我……"

我："你选择和他结婚时多大？"

女士："28岁。"

我："既然你都已经28岁了，还是年幼无知吗？"

对方愠怒："照您这么说，都是我的错了？"

我说："不是你的错，一切都是你自己的选择。"

人生三件事：自己的事、别人的事、老天的事。 一件事的结果不尽如人意，这三方面的原因都有。别人的事我们控制不了，老天的事我们只能臣服，剩下可以尽力而为的就是自己的事了。

人生的路是自己选择的，你有权利去享受这条路上的风光，也有责任去承担路上可能出现的泥泞。作为成年人，选择时尽量做到保持初心，适合自己就好。

我曾经参加了家庭系统排列大师海灵格在北京的公开课，千余人排队进场。剧场里座位分为前后两部分，前面是嘉宾席，工作人员拦在路口，凭嘉宾票坐前排。

我是普通票，老老实实到最后一排找个位置坐下。大家陆续坐好等开场。

临开场，戏剧化的一幕出现了——很多嘉宾尚未到场（估计是赠票，所以不太积极），前排空了好多座位，现场摄影空空落落，很是影响效果，所以工作人员开始广播：“前排有空座位，后排观众可以到前排就座……”

话音刚落，后排观众席炸开了，很多观众开始挤出去往前排跑。可怜我坐在后排最靠过道的座位，需要不停地起身给人们让路。其实坐在路口的我更有利抢到更好的前排座位。可我淡然地坐定自己的位置。自己觉得好就行了，我自己选择，我自己负责。

接下来海灵格出场，震撼人心的公开课，我在后排看得一清二楚。

课间休息，再次出现戏剧性的一幕，前排不少观众开始跑后排来抢座位。我去趟洗手间回来，看到自己的位置被一位女士占了，便茫然问道：“对不起，请问您刚才是坐这里吗？”

她瞥了我一眼，一边无奈起身一边嘟囔：“哦，你坐这啊？前排空调太冷了，我快冻死了，所以又回来了……”

呵呵，原来如此。哪里有绝对的好位置啊？

所以，很多事不是你能控制的，你唯一可以控制的是：选择后不管什么结果你都要一己承担，并积极面对。总之，选择之前别犹豫，选择之后不后悔。我们是成年人，我们有资格有能力为自己的选择负责。

你有资格变得更好

现在有种心理病症叫“怀疑全世界都骗我”病症，我就经常遇见这类人。平时他们常说：“我好想学习啊，我要改变！”等你通知他有什么学习机会了，他的病症就发作了，各种怀疑，各种迟疑。

对此，一位老师评论道：“不这样，他们就无法维持一个‘我活得很辛苦’的身份。这是资格感缺失的严重表现。”李老师一语道出实相——原来这些人是资格感缺失。

资格感是李中莹老师提出来的，资格感缺失是一个很多人身上都有体现的问题。这份资格感决定“我是个什么样的人”，而资格感的根本来源是与父母的连接。

比如，父母管教孩子严厉，经常教训孩子：“你又考不及格，长大了能干什么？我看你这辈子是没什么出息了！”孩子虽然抗拒，可是潜意识里却接受了父母这些话的暗示，长大后遇到机会便有可能退缩，因为潜意识里有个声音：“你哪有资格做成大事，你不会成为有出息的人。”女孩子从小长得不够漂亮，常被身边人调侃：“哎呦，这丫头真丑啊，以后能找到婆家吗？”纵然女大十八变出落得眉清目秀了，可她内心还会有隐隐的自卑，见到心仪的对象也不敢去表达爱慕，因为她根深蒂固地认为自己就是一个丑丫头，没有资格获得异性的青睐。

还有一种情况是，孩子小时候目睹父母的婚姻不幸，潜意识里认为自己也会重复父母的命运，没有资格获得幸福的婚姻，因此长大后对婚姻比较抗拒，即使拥有美满的婚姻，也经常消极到怀疑人生：“我怎么会有这么好的婚姻呢？他会一直对我这样好吗？他会不会在外面乱来？”

还有人小时候常听父母长吁短叹：“唉，咱们祖辈都是小老百姓，注定不会有出息的……”在他长大后，也会常常把自己困顿在辛苦奔波的状态中，遇到好机会反而会怀疑：“有这等好事吗？我怎么可能有这么好的运气？这一定是骗人的。”

资格感缺失时常在我们身上不经意地体现。有次在李中莹老师的课程上，李老师说第二天早上要给我们带最好吃的法国面包来，我们几个学生欢呼后调侃道：“太好了，今晚就不吃饭了，专等老师明早的法国面包，要多吃点！”结果李老师说：“你们这是严重的资格感缺乏，难道你们不配很轻松地吃到好面包吗？”我听完顿时愣住了，想一想，好像是这么个道理。我们小时候没有那么多零食美味，偶尔有客人来家带些糖果，大多会被妈妈锁进柜子或放在高处，要一点一点地发给我们慢慢吃。遇到有零食吃的时候，真是恨不得“饿上几顿狠狠吃”，就算到了物质生活丰盛的现在，潜意识里还会时不时冒出这种念头来。原来，我们的内心还是潜伏着“我不配轻松吃到美食，不配拥有美好事物”的信念。

几年前，我曾听到一位女企业家分享她的故事。她当时已经身家不菲，可是每到吃好东西时，还会习惯性关起门或者躲到一个角落里快速吃完，因为只有这样她才会感觉到安全、愉快。她一直以为这只是个无伤大雅的习惯，可就在资格感这一节的学习中，她才恍然大悟：原来她父亲地主出身，“文革”期间被批斗，偶尔家里有点好吃的东西，都一定让家人孩子躲起来偷偷地快速吃完，生怕一不小心被别人发现就完蛋了。于是，她在无形中拥有的信念就是：“我是没有资格光明正大享用美食的人。”纵然成年后她拥有再多财富，吃遍再多美食，这种欠缺的资格感也难以消弭。

我们的父辈经历过生活困难、时代动荡的时期，深知物质珍贵，于是养成安分守己不事张扬的个性，就算现在生活好了，依然节俭、内敛。比如很多老人，明明知道吃剩饭不好，可还是舍不得扔，内心有种“我怎么有资格浪费”的信念，结果剩菜剩饭吃了又吃，吃到上吐下泻。

我有位女友，离婚单身，白手起家，有几家自己的店面，贷款买了房和车，虽说不是大富大贵，可也活得活色生香、自由自在。可她妈妈跟邻居提起自己女儿的时候，总是唉声叹气：“唉，我这女儿最可怜了，没有家没有正式工作，又欠一屁股债……”女儿听见很是郁闷：“妈，是不是只有把我说成要饭的你才感觉安全啊？”这位女友妈妈内心一定想的是，“我们怎么配拥有那么好的房子车子呢？说出去会不会惹来是非？”

身边有的朋友经济水平相当好，却异常俭省，俭省固然是美德，但过分了就可能是资格感缺失的问题了。有位女友，自己经营了一家公司。在商场看到心仪的真丝睡衣，爱得都走不动了，可最后还是长叹一声放弃：“哎呀，太贵了，我还要进厨房呢，穿件老公的旧T恤就行了。”爱美之心人皆有之，对美好物品的向往也是人之常情，在自己经济条件允许的范围内享受美好何尝不是爱自己的一种方式。这位朋友也是“缺乏资格感”的表现，她这么节省，是觉得自己不配这么贵的东西，不值得花这么多钱。事实上，如果连你都不爱自己，又如何让别人来爱你呢？

缺乏资格感的人会常常把自己深陷一种“我没资格，我不配”的虚拟陷阱中，不敢不能不愿自拔，甚至会故意去破坏机会、破坏幸福来印证自己的信念：“看，我说了吧，我就是这么命苦，我天生就是穷命！我爸都说我不成器，果然没错……”

资格感缺失的人一般不会选择轻松容易的路，而会偏向于选择艰辛痛苦且成功无望的路，他们会用种种借口把自己锁死在成功的路上。就像马戏团驯养小象，用细绳把小象绑在柱子上，小象力气小挣不脱，慢慢就认为这绳子一辈子也不可能挣脱；等到长成大象了，在舞台上表演各种力大无穷，可到后台还是一根细绳绑着乖乖不动，因为它的信念里已经深深植入：“我是无法挣脱这根绳子的，我命中就是要被这根绳子绑住的。”

很多人纠结着是改变还是不改变？不改变，痛苦；改变，也痛苦。但后者有结束的一天，让人生不会浪费在痛苦里。痛苦而不愿改变的人很有可能是有“资格感缺失”的问题，这源于他幼小时与父母关系欠佳。成功与改变的第一步是相信：相信有可能、相信一定会更好。而这第一步却最难。但世上本无“难”，只有不懂和不愿意。前者用学习解决，后者要改变心态。

最后，用一段对话总结：

有人说：“老师，我想学习改变，可是学费好贵啊！”

老师答：“是的，当人生不值钱的时候，学费真的好贵！”

一辆奔驰车引发的思考

有人曾咨询我：

我女朋友说，等我买得起奔驰的时候才愿意跟我结婚，我是不是应该和她分手？她这样让我感觉她并不爱我。

我的回答如下：

女朋友给你提出要求，买到奔驰车才跟你结婚，以至于让你感觉到她不爱你，你想跟她分手。

她爱不爱你，你比我更清楚，因为我不知道你们在一起相处了多长时间，以及在一起相处的细节。我并不清楚，她是在什么样的一种情况下提出来这个问题的。是开玩笑，还是一个正式的要求？如果是一个正式的要求，我们更要透过这个问题的表面，去看一下它真正的动机是什么。

结婚要一辆奔驰车，从表面上看，是一个纯粹的物质需求，我们很容易给这样的女孩子贴上标签：虚荣、拜金，总之就是追求物质。

可是我想说的是，或许对于你的女朋友来说，她未必要的是一辆奔驰车，而是她想看到你有买奔驰车的能力。你有了这份能力之后，她和你结婚才会觉得安心安全，才会觉得未来的婚姻生活有所保障。作为一个成熟的人，在思考她未来婚姻的时候，要求具备一些物质储备，这其实是一种非常成熟的心态。从这一点上来说，这个要求其实并不过分。

那好，我们来看，如果她希望的是你能够拥有购买奔驰车的这份能力，那么，她说不定是希望看到你对自己的人生有所规划，看到你用郑重其事的态度对待你们未来的婚姻生活呢？

如果真是这样，那么你在这个过程中，真正去正视她的这份需求的动机，开始规划人生，端正态度，不断地去学习、去成长、去增长自己的能力，她会发现，你的这份积极的态度会更让她心仪。

这样一来，就算短时期内你尚不能拥有奔驰车，我想她也会觉得自己找了一个潜力股，不舍得放弃你，你说是吗？

再者，如果从另一方面来说，就算你的女朋友真的只冲着一辆车，如果她真的如你所说只是一个虚荣的拜金女，那么，你在这个过程中不断地给自己的人生设定更高的目标，然后为此去奋斗，就算她真的有一天离开了你，优秀的你也一定会遇到更优秀的女朋友，对不对？

这样说起来，这个要求给你的是动力，你又能吃什么亏呢？

第三点，我想提醒你的是，你们最初相爱的时候是没有奔驰车的，可她为什么会爱你呢？这就说明你身上有很多值得她爱的地方。

现在，要拥有一辆奔驰车可能暂时有些困难，可是你在这同时可以提升你爱的能力，给她更多的包容、重视、接纳与爱，让她根本离不开你，或许有一天连车都不要了，一切皆有可能。

爱，可不是那么简单的，它绝不是仅仅有物质条件就可以让两个人结婚。爱是一种感觉，它有时候是毫无道理的，所以，物质条件只是其中的一项而已，就算暂时无法拥有一辆奔驰车，你也可以增长自己爱的能力呀，对吗？

分析完这些，我们再回头看一看，为什么她一提出这个奔驰车的需求，你马上就会觉得她不爱你，甚至考虑要和她分手呢？

你要觉察一下自己的内心，是不是觉得她的这样一个要求刺伤了你的自尊心。或许你会觉得这个目标对于自己来说压力太大，以致让你想要逃避，或者内心深处缺乏一种资格感，觉得自己不配拥有这个奔驰车。

所以，在这一点上保持一份觉察，观照一下自己的内心，从而调整自己内心的那个状态。

你要知道，一分耕耘，一分收获，只要你付出努力，总能增长自己的能力。只要你信念里觉得自己值得拥有，那么说不定有一天，你就真的可以拥有一辆奔驰车甚至超过奔驰车的价值。

乖孩子在外，熊孩子在内

如果大家展开自我觉察，就会发现，其实很多时候，我们表面上做的，并不是我们内心里想的，就是有那么一点心口不一的味道。比如我们心里明明不认同对方的所作所为，可为了不扫对方的兴或忤逆对方，最后还是表现出欣然接受的样子。我把这称为“乖孩子”内心里住了个顽皮的“熊孩子”。

那么，“乖孩子在外，熊孩子在内”的具体表现是怎样的呢？就是面对权威或规则，虽然不敢直接表现出对抗，甚至还会显得更顺从听话，可内心不接纳，身心无法合一，在行为层面上会呈现出拖延、迷糊、磨叽等“软反抗”状态。总是大错不敢犯，小错不间断；总是乖乖说要改，其实永远改不掉。

“乖孩子”在外，“熊孩子”在内，理性向右，感性向左，这样的人会活得很拧巴，经常感觉压抑或纠结，无法对自己做到足够的接纳、认可与爱。就像能量卡在了弯道上，不消除这个症结，怎么能做到能量流通、气场飞扬呢？

如果你就是“乖孩子在外，熊孩子在内”的状态，该怎么做呢？

请尝试按以下引导去做，慢慢去接纳内在的小孩。

1. 呼吸放松

首先，找个安静的环境坐下来，身体放松，双腿略分开，脚踩大地，腰背挺直，稳定依靠在椅背上，闭上眼睛做几次深而长的呼吸，每次吐气的时候都将注意力放在自己的双肩，让紧张和疲惫顺着双肩往下滑落……直到感觉足够放松的时候，在内心尝试去看、去听，或者去感受心中那个调皮的"熊孩子"……

（每个人的方式或许不同，无论如何，你自己的体验都是对的。）

2. 连接内在小孩

请将右手放在自己的心口，感受自己的心跳，在心里对内在的他说："我看到你了，你就是另一个我，我看到你这么久以来一直用这种方式照顾着我、爱着我，而我却一直忽略了你的存在。对不起，请原谅，谢谢你，我爱你……

我现在已经是××岁的××（说自己的实际年龄和名字），我已经是个成年人，我相信你也看到，我已经通过学习在成长，可以照顾好自己的人生，用成年人该有的成熟状态去处理自己的事，就算还不够完美，我也可以继续学习并成长，你相信我吗？"

如果看到他迟疑、委屈或有其他情绪出现，不肯同意，就说明他还有待处理的情绪，允许给他时间释放。同时不断真诚地跟他说四句箴言："对不起，请原谅，谢谢你，我爱你……"（一般来说他都会很快同意。）

等到他同意了，就继续跟他说："现在，我想邀请你和我一起长大，让我们以××岁的成人状态去照顾自己的人生，好吗？"如果他同意，想象他和你渐渐走近，紧紧拥抱在一起，两人合而为一。

3. 与父母连接

同时想象：父亲站在你的左肩后面，母亲站在你的右肩后面，他们用手搭在你的肩上，源源不断地给你力量与爱。

请你大力吸气，将来自父母的力量与爱吸进自己身体的每个细胞，再放大数百倍，直到你感觉足够便缓缓停下。然后，感觉一下你是否已经和内在的小孩合而为一？感觉你是否挺直腰板、挺起胸膛、浑身发热、充满力量？如果是，说明你已经真正长大。

请转身向父母深深鞠躬或跪拜，表达你对他们由衷的感恩之情："爸爸妈妈，感恩你们，我已经长大，我可以去照顾好自己的人生了，你们允许吗？"如果父母不同意或者面有忧虑，说明你还没有让他们足够放心，那就要继续处理你和父母之间的关系——请在心中向父母五体投地拜下，匍匐在父母脚下彻底臣服，用最谦卑的态度去感受父母的改变。

水低为海，人低为王。当你回归到孩子应处的位置上，你才能更多地感受到父母给你的力量和爱，以及他们对你源源不断的祝福。

4. 走向未来

当你看到或感受到父母已经放心并欣然同意，请你向父母再次表达感恩，完成自己内心和父母的分离，以更成熟的身心状态，转身面向右前方，那里有金色的光明源头，那就是你的未来。带着父母给你的所有祝福，充满力量、加满油的你，走向或者奔向你美好的未来吧！

看问题的方式才是问题

我曾收到一位女学员的提问：

“我今天向您请教一个感情问题：我和男友在一起快四年了，迟迟没有结婚，有几个原因：1.他在某地方城市，事业不太稳定，刚刚进入一个新的行业，我想总不能结婚后靠他父母吧？所以物质不稳定是其一；2.虽然这些年他也在学习，可他的圈子多是生意人，和我差别很大，彼此的朋友交集很少，所以我担心未来共同话题更少；3.我未来要做讲师，我自身的人脉圈和朋友大多在北京，而他现在在地方城市，如果我和他结婚后在地方城市定居，发展自己的讲师之路就挺难的。如果我去北京发展，我和他就几乎没有可能性了。

“他的优点：1.对我特别好，淳朴善良，什么东西都想着我、迁就我；2.他的家人也和他一样善良淳朴，家风和睦。另外需要说明的是，说我爱他吗？我觉得更多是习惯了，也谈不上什么谈恋爱的激情。我家人今年也给我压力，劝我回自己的家乡。

“我现在真的不知道该怎样选择，我该找个什么样的男人。您觉得他是合适的结婚对象吗？快给稚嫩的我一点建议吧！”

我回答她：

1. 人生就是小马过河

遇到人生困扰的时候，我们总会忍不住向身边人求助，想听听大家的意见，可每个人的见解都是基于个人的信念和生活经验。

就像我们小时候学过的《小马过河》一样，小马要过河，不知河水深浅不敢过，便问老水牛和小松鼠。老水牛说河水只到脚脖，小松鼠说河水很深会淹死的，而这些说法都只能作为参考，最终还是它自己通过实践，选择是过还是不过。

选择观望，你就只能获得观望的体验；选择过河，你就要自己摸着石头一步步蹚过河，可能会呛水，可能会崴脚，可你终于明白只有你自己的体验才是最真实的。

我们的人生就是小马过河。

2. 跳出问题看问题

你的问题描述中弥漫着焦虑和纠结，语言文字不像你平时说话的利落风格，话很多，头绪也乱，看不出你究竟想要什么。

通过和你接触，从你的处事风格、语言特质，能感受到你的特点：认认真真地做事，所有事都恨不得一步到位、万无一失，渴望尽快看到明确的标准答案，这是明显的安全感缺失的表现。

你想让所有的人事物都按你的设想来达到你的要求。为何会这样呢？

因为只有这样你内心才会感觉到安全，你觉得要能看到未来才肯放心。你专注地盯着你认为重要的目标，却在这个过程中迷失了自己。

安全感不足的人顾不上自己内心真正想要什么，一如你，只急切地渴望抓住些什么让你安心。这样做并没有对或错，这和每个人的成长经历有关。你经历过什么，我不得而知，只是发现你经常去做超越你实际年龄和能力的思考和承担，所以我猜应该和成长中的创伤有关。这创伤也是上天的礼物，尽管包裹得很丑陋，却促使你更独立、成熟、优秀、向上。

3.问题本身不是问题，看问题的方式才是问题

你给自己的问题全都设置了一个条件，自己堵住去路，然后原地打转，说自己无路可走……

你以为你以为真的是你以为的吗？这些问题只能是这样吗？

（1）你问题中说你男友的事业不稳定。怎样才是你所认为的事业稳定的标准呢？不能年入百万的人就不能结婚了？就算自由职业、月入几千也照样可以不靠父母啊，你只需觉察自己的潜意识：事业稳定是我结婚的决定性因素吗？

（2）彼此的朋友无交集。有何问题？难道夫妻都必须是同行吗？你俩未来会不会有话题并不取决于你们是不是有共同的朋友。

（3）讲师在北京的机会会多些，可也不是绝对的，最终决定一位讲师前途的是她的实力。我认识的好多有名的导师都在地方城市，甚至很多北上广的学生都千里迢迢跑到地方城市去上课，大家看重的是导师的实力和课程的价值。

（4）为何你回老家或北京，你俩就一点可能性也没有了？地域分离确实会对感情产生影响，但100%没一点可能性也太过绝对了吧？

问题本身不是问题，你看问题的方式才是问题。你给自己画个框让自己受困其中，我给你拆个框，让你发现凡事至少有三个解决办法。你的纠结并不是你真的缺少什么，而是你非要按你的信念标准去要求什么。

4.所有选择都是当下最好的选择

看你后面对他的描述，我的直觉是：他对于你来说，安全感和家的需求要大于爱。

你把他迁就你、照顾你，他的家庭条件有多好放在前两条，谈到爱的时候，只是用了“另外的说明”，好像这是个附属问题一样。或许就像你所说的，没有太多激情，只是习惯了。或许他更多满足了你对安全感的需

求和对家的需求，这更像找一位理想中的父亲。

亲密关系中或多或少都会存在投射，我们其实都是在伴侣身上寻找自己潜意识里的理想父母，渴望在伴侣身上满足自己成长过程中未被满足的需求。只是在亲密关系中，如果投射大于爱的话，这份关系会变得脆弱。

他对于你更多的是家的象征，所以当你的家人需要你的时候，这本来不同的关系就成了平等对决，你自然会觉得难以抉择。选择一个能给自己带来安全感和家的感觉的男人并没错，只要这是你自己真正需要和想要的。

或许你想说：万一选错了呢？

这是很多人纠结的根源，这世上没有后悔药，我们不知道明天会发生什么，所以你想做个万无一失永远不悔的选择，老天爷也帮不了你。

所有的选择都是当下最好的选择，都是最符合你当下的成长需要和内心满足的。

所以，纠结什么呢？这个世上唯一不变的就是不停在变，规划再好，也不知道未来会发生什么变化，所以，纠结也没用。

5.婚姻就是将错就错

电影《非诚勿扰2》里有句台词："选谁结婚都是错，婚姻就是将错就错。"

这句话并不是让我们闭着眼睛随便找个人结婚，而是告诉你：你找谁结婚都不会是完美的，都会有自己找错人的感觉。

真正长久而智慧的婚姻会在这"错"里"将错就错"，找到和谐相处之道。

不信你问问群里的师兄师姐们：谁不是结婚时认为自己找到最对的人，结婚后上百次产生想掐死对方的念头。不过基本都是在心里比画比画，最后自己剪剪指甲。

婚姻是什么？

婚姻就是吵架吵得摔门而出发誓离家出走，半小时后回来顺便带把香菜，而家里那位正在包饺子。

婚姻里所有的痛苦，未必都是找错了人，有时可能恰恰相反，正是你与这个人的关系引发了埋在你内心深处真正的创伤、恐惧和渴望。

你的伴侣不是随机偶然遇见的，他是冥冥之中被你的气场吸引来的。作为一面镜子，它能为你照出未知的自己。其实，伴侣就是来促你修功课的。所以，选择谁其实并不重要，真正重要的，是你能真正疗愈创伤，以成熟的心态走进婚姻。

遇到攻击和诋毁怎么办？

我们都爱赞美和认可，当受到他人的攻击和诋毁时，难免会产生愤怒、委屈、痛苦、纠结、失落、自责等情绪。每个人都会有情绪，就算所谓的得道者也未必能免俗。所以，先不要责怪自己修为不够，想改变提升，就要先接纳当下的自己。

然后保持一份自我的觉察，洞悉事态的本质，继而调整心态，释然放下。这个放下不是刻意为之，而是洞悉了事态本质后的一念之转。

我们还可以从这个看似负面的事件里面，吸取成长的经验，让自己的人生不断升级。

1

没有人能够伤害你，除非得到你的允许；没有人能够控制你，除非得到你的允许。

有人攻击和诋毁你，他的行为由他内在的信念决定，我们没有办法控制他。但是，他怎么说是他的事情，接不接受是我们自己的事情。你的身上若无伤口，就算他再往你身上泼盐水你也不会痛。

伤害只对接受的人起作用，你觉得受伤一定是因为你接受了他的攻击或诋毁。他的所作所为戳中了你内心的创伤，你才会觉得痛苦、愤怒。哪怕你嘴上不承认，意识层面也不曾那么认为，但你的潜意识，也就是你的内心，知道自己的伤在哪里。既然他说得没错，那么即便形式过激令人生厌，还是请你保持一份感恩吧。就当他是老天派来考验你的棋子，以此提醒你——这部分需要成长、需要改变。

谁痛苦，谁改变。如果我们能够因为这份痛，让自己获取成长的动力，促使自己更快更好地改变，那就理当感恩。

2

当别人根本不了解真实情况，就对你横加指责、恶意诋毁，损害你的声誉，该怎么办呢？

既然他是恶意攻击，而你又相信自己，对自己的所作所为问心无愧，又何必在意？我们在意的到底是什么呢？我们在意的无非是自己一直追求着的完美形象。这个形象，有那么重要吗？或者说，仅仅因为他的攻击，你的形象就会轰然倒塌吗？

所以，别跟自己较劲了。那些对别人横加指责、恶意诋毁的人，更多地折射出他内在的不足。是你美好成功的状态，令他意识到自己内在的不足，让他不舒服，他才会借某个导火索而爆发，对你发起责难和诋毁。其实，他活得比你痛苦。如果你反应激烈，急于回应，便正中他下怀，使他于此找到平衡。

遇到这种人，不接招才是最好的招。就像一位智者对一位总是恶意攻击辱骂他的人说：“我若送你礼物，你没有接受，这礼物算谁的？”对方说：“当然还是你的。”智者说：“然也！所以你对我的攻击和辱骂就像你送给我的礼物，我不收，所以还是你的。”

3

有一种莫名其妙的攻击属于投射。

我们都知道“爱屋及乌”：我爱这个人所以我也爱他身边的人；同理也有“恨屋及乌”，就是我讨厌这种类型的人，或者受到过这种类型人的伤害，后来看到和他相似的人，也会勾起同样的情绪，把这个本来和自己没有关系的人一起讨厌了。这是一种情感的投射。

我刚参加工作那会儿，被单位的一位老大姐排挤，内心郁闷而不敢言。有次在外遇见一热情女粉丝，说特喜欢我做的电视节目，我很开心，和她相谈甚欢。谈话间，她说起自己和我单位那位大姐是关系很铁的老同学，我听完立刻浑身发紧，对她的态度瞬间就冷淡下来。

其实，人家是无辜的，是我把对老大姐的不满投射到了她身上。

如果有个八竿子打不着的人，莫名奇妙就讨厌你甚至攻击你，十有八九是你身上某种特质撞上了他的旧伤。

我有次做助教，给自己本组的学员发教材。每组助教发自己本组的教材，而且数量有限，只能保证一人一本。

这时邻组的助教还没赶到，有位男学员不清楚情况，跑过来找我要教材，我跟他解释：“对不起，你们组的助教马上带着教材过来，我现在只能负责本组学员的教材，您等一会好吗？”解释完就赶紧去给本组学员登记了。

等我发完本组的教材，回头看到邻组的助教还未赶到，那位男学员还没有教材，我就拿起自己的教材双手递给他：“您的助教还没到吗？您先用我这本吧……”

没想到他面色铁青、浑身颤抖，两眼恶狠狠地瞪着我说：“我讨厌你！我从来没有这样讨厌过一个人！我就是讨厌你！你真讨厌！”

我当场懵了：“我怎么了？！”

他继续瞪着我：“你这样的人怎么配做助教！你这么讨厌，我讨厌死你了！我就讨厌你！”

我赶紧解释：“哦，您是说刚才没发给您教材是吗？对不起，我们每个助教要先发自己本组……”

他不容我说话：“你就是讨厌！我从没见过像你这样讨厌的人！我要投诉你！”

周围的同学都莫名其妙地回头看着我和他，那一刻，愤怒、委屈全都涌上来，我真想和这个不可理喻的人吵一架：怎么会如此不讲理呢？不明真相、不听解释、乱扣帽子，这让周围的老师、同学怎么看我？

大家看，就算我学习了这么久，遇到误解和攻击的时候照样会产生情绪，只想去大吵一架求个清白、闹个痛快……

接下来，我深深吸了口气，迅速冷静下来，告诉自己：这是在课堂，大家要上课，我的身份是助教，不是来吵架的。

清楚了自己的身份，再让自己抽离出来看这个人：他这状态分明不正常嘛！一个大男人为了一件小事就不顾场合地大发脾气，可见是他内心有创伤，他对我的这种反常表现属于情感投射。有可能是他曾经经受过类似事件的伤害，或者曾经有个和我相似的人对他有过伤害，所以我和这件事只是导火索，引发了他深层的创伤，他才会变得不可理喻、如此过激。既然如此，都是他自己的事，与我何干？

我没做错什么，何必急于辩解？无非是内心那点虚弱：我在意自己在周围人心目中的形象。他也引发了我内心的创伤。于是我对他微笑鞠躬：

“谢谢你讨厌我。”然后转身开始上课，他继续在后面骂骂咧咧，我兀自不理。

我很快就进入助教的角色，该干吗干吗，倒是那个人一下课就从我眼前消失了，我也很快忘记他长什么样子。后来我重新说起这事时，像看别人的电影一样冷静，说到某处自己倒乐了。

那一刻，我明白这才是真正的放下。

4

人生不如意之事的确会有。问题本身不是问题，看问题的方式才是问题。打破信念的框框，所有负面事件都能找到正面积极的价值和意义。遇到指责和诋毁，请告诉自己：所有事情的发生都有利于我的成长，我得以在这件事情中汲取了成长的经验。

对于自己每一步的成长，都要给予自己一个最大的、最好的肯定，你将投到你身上的石头变成垒砌台阶的基石，你有能力有资格更优秀。慢慢地，你发现再遇到类似事情的时候，你内心风平浪静，甚至暗藏喜悦，你知道你的人生又要升级了。

如何调节因爱对方而产生的控制欲和占有欲?

我曾经看过一个故事：有个人特别喜欢玫瑰花。有一天，他在路边发现了一朵绽放的玫瑰，开心得就像发现了宝藏。他因喜爱而想拥有，就把这朵玫瑰摘下来，带回家插到床头的花瓶里，一天到晚捧着欣赏。

相信大家都能猜到结局：虽然被很多“爱”包围，玫瑰还是枯萎凋零了，最后的归宿就是垃圾桶。

这，真的是爱吗？

在亲密关系中，人们因为爱而想和对方更多的连接，恨不得两个人好成一个人，可这并不代表你就真的可以“拥有”这个人。

爱一个人，只给了你愿意为对方多做一些事的动力，并没有给你能控制那个人的权利。相爱的两个人是独立和平等的个体，一旦出现了控制和占有，爱情就会像那被采摘的玫瑰花一样，很快凋谢。

不过可喜的是，你现在有了觉知，并来找专业老师咨询，希望通过有效方法来改变。这种因爱而愿意去改变的态度，是非常值得肯定的。

我们先来探究根源。在爱情关系里面，那些有控制欲和占有欲的人，从表面上看他们往往显得很强势。可他们真的强吗？

相反，也许是因为他们内在的力量太弱，才想去控制和占有。也就是说，这样的人，实际上是因为内在的力量不足，没有足够的自信，即缺乏安全感。所以，他才想通过控制和占有，来保证自己内心的那份安全感。

就像一个女人，她不让自己的丈夫出门，而是要他在她眼前晃悠，这时候，她觉得只要我能看到你，这就是我能控制的局面。你一出门，去和谁在一起，去做一些什么事情，我完全无法掌控，就会觉得不安全。所以每当这时候，她就会不断地给丈夫打电话，问他和什么人在一起，在一起做些什么，必须几点回来，等等，这就是一种典型的操控行为。

而实际上，这是因为她内心里对自己和丈夫的关系没有足够的自信，缺乏一种安全感，故而形成这样的行为。

那么，为什么会有这么强的不安全感呢？为什么在伴侣关系中会如此缺乏自信呢？其实，你必须更多地去追溯一下在你的成长过程中，你和父母之间的关系是怎样的。

当一个人在孩童时代，没有从父母那里得到足够的关注与爱，那么在他成年之后，就有可能在恋爱婚姻中，于伴侣关系中去寻求一份关注与爱的满足。也就是说，如果小的时候，她觉得父母对她的关注不够多，或者觉得父母可能更爱其他的兄弟姐妹，那么在她成年之后，就恨不得独占她的伴侣，她会觉得你是我的，你只能是我一个人的。

如果孩子小时候没有在父母那里得到足够的爱和关注，在他长大之后就会内在力量缺乏，自我价值感不足，缺乏自信。自信的缺失，往往使他恨不得控制住对方，让对方的行为在他的操控范围内，他才会觉得安全。因此，在知道这些根源之后，我们能做的就是：

第一，多和自己的父母去做更好的连接。第二，多培养一些情趣爱好，转移注意力。同时，通过自己的努力去做成一些事情，得到更积极的反馈，让自己产生更多的自信。也就是说，当你自己真正强大的时候，你的关注点就回到了你自身那里，也就不会再去想方设法地通过操控别人来寻求安全感了。

“拧不开瓶盖”的女生更受欢迎吗?

很多人说男生都喜欢“连瓶盖都拧不开”的女生，在手机上看到这个问题时，我忍不住扑哧乐了。

就是那么巧，当时我手里拿着一瓶矿泉水，正在找身边的男士帮我拧开。

说起来也很尴尬，看我人高马大一个大女人，平时出差单手拎大行李箱健步如飞，工作总是三下五除二完成，在家做家务也是爬高上低力大无比，可不知是力道用得不对，还是有什么魔咒，总之，我就是拧——不——开——瓶——盖！

因为拧不开瓶盖，我经常要找我先生或女儿帮忙，他俩都已经习以为常了。在外出差时，我就只能向身边的男士求助，请他们帮我拧开瓶盖。

所以看到你的问题，我第一个反应是：我就是拧不开瓶盖的女子，是不是所有男人都喜欢我？

哈哈，这当然不可能啦……

我用这个事例向你说明什么呢？凡事不要“绝对化”。很多人的困扰源于以偏概全、把问题“绝对化”了。拧不开瓶盖的不一定都是白雪公主，白雪公主也不一定都让所有男生喜欢。

你就是先给自己画个框把自己困住，再在里面盯着这个点钻牛角尖。每个人看到的世界都是自己内在信念的折射，所谓“问题”其实都是自己制造出来的。问题本身不是问题，看问题的方式才是问题。先打破你信念的框框，万事不要以偏概全。然后再来看你以及你的“很多同学”所说的“拧不开瓶盖”的女生是哪一种类型的人？我猜，这或许是那种看起来娇娇弱弱、会撒娇卖萌的女生吧？然而，所谓萝卜青菜，各有所爱。一定会有人喜欢这种拧不开瓶盖的女生，也一定会有人喜欢徒手劈西瓜的女汉子。各花入各眼，哪种类型的女生都会有喜欢她的人，只是出现得早晚的问题，以及概率问题。

也许，在你这个年龄阶段与大环境中，拧不开瓶盖的女生相对更受异性青睐，这是为什么呢？

1

拧不开瓶盖的女生获得男生喜欢的几率较大，因为她们善于建立关系。

A女生拧不开瓶盖，宁愿自己铆足了劲龇牙咧嘴地试着去拧开，也不会或者不敢去找男生帮忙，做自力更生的独立女性固然很好，只是你可能要继续自己费劲地拧开瓶盖了，因为你放弃了可以和男生自然搭讪的可能性。

B女生每次拧不开瓶盖，就请男生帮她拧开，这是一件顺手的小事，一般男生都不会拒绝，女生回馈一句感谢和甜甜的微笑，男生感觉在女生面前有面子，接下来两个人就可能继续聊几句，关系就这样自然而然地建立起来了。

假如B女生每周找10位男生拧瓶盖，有一两位男生可以多聊几句甚至接下来约个电影什么的，那么B女生就获得了相对高的被喜欢概率，而A女生依然做风中独行的独立女子。

我们从中可以看出，拿拧瓶盖这样的小事来作为一个互动点去“麻烦”男生的女生，大多性格比较外向，内心比较自信，会主动和别人建立关系。在现代社会中，这种性格确实容易为自己赢得更多机会，所以这样的女生获得男生喜欢的概率就要高一些。

2

关系的建立和发展是相互“麻烦”出来的。

我不理会你，你不理会我，我们就是陌生人。

就算是已经相识的两个人，在同一个班级，或同一个公司，平时相互无恶感，但也无交集，倒是没有彼此“麻烦”，但也没什么深交。

我不麻烦你，你也不麻烦我，在能量层面确实互不亏欠，绝对平衡。就像两个人玩跷跷板游戏，需要彼此一上一下互动才可以玩起来，你不动、我不动，咱俩保持平衡，大眼瞪小眼？那就game over了。

关系的发展中需要互动，绝对平衡意味着关系的终止。

试想一下，你在学校里从没有麻烦过的那些人，是不是彼此也没什么印象？以前关系亲密的闺密，因为彼此之间少了相互“麻烦”，反而变得关系疏远甚至断了联系。

我有一点小事来“麻烦”你，你在你的能力范围内帮助了我，我们之间就有了能量的付出与收取；事后你正好也有事需要“麻烦”我，恰好也在我的能力范围内，于是我尽力帮了你。慢慢地，随着不断的“相互麻烦”，我们对彼此有了更多的了解，关系也在互动中获得了深入发展。

3

有效“示弱”可以给予对方“被需要”的价值。

女生拧不开瓶盖，请男生帮她拧开。这说明什么？我比你弱，你比我强。我需要你的帮助，你对于我是有价值的人！

“哇，谢谢！”

“哇，你力气好大啊！”

几句感谢和赞美，瞬间让这个男生觉得自己男人力爆棚。作为男人的价值，就这么在“被需要”中体现了出来。

为什么有效“示弱”反而会获得好感呢？因为当你显得“弱”的时候，就会显得他“强”。

有一种人，似乎总是那么强大完美，在他身边会显得我们又丑又笨又没用，而且他强大到什么都不需要我们，只是高高在上给我们展示他的完美。

听起来似乎很完美吧？我们应该都爱和这种人在一起吧？事实恰恰相反。和这类“完人”在一起，或许有收获的价值，可我们的内心却并不轻松。

举个例子。有位男士事业很成功，特别提携照顾亲戚家人，花钱的事儿总是大包大揽，真的很有大哥风范。有一次，他组织兄弟姐妹的家庭一起出游，加起来十几口人，交通食宿他全包。旅行途中，大家一起吃了顿经济实惠的农家乐，弟弟站起来去结账，被大哥拦住：“你干什么？怎么也轮不着你结账。”大哥这句话的发心是好的，心疼弟弟经济不宽裕，不让弟弟花钱。可是效果呢？弟弟感觉在家人面前尤其是自己老婆孩子面前分外丢脸，满脸通红地愤愤吐出一句：“就你有钱！”说完甩手离去，搞得一场家庭旅行不欢而散。

看起来是弟弟不识好歹，可实际上呢？一直接受强者一方的给予，对于弱者是有心理压力的。如果大哥能给弟弟一次付出的机会，让弟弟因“付出”而感受到平衡，找回自己的尊严，他们彼此的关系就会更融洽。

所以，在人际关系中，“付出与收取”保持相对平衡才利于关系的良性发展。如果付出与收取的较弱一方感受到强方的压力，这种关系也容易断裂。

我们因此要记住，在人际关系中，有效“示弱”给对方“被需要”的价值，同时也是给对方以尊重。

再举个例子：

我曾遇到一位“人生完美”的女士，她和一群女友聊天，最后把所有的人都聊跑了。原因在于她“不会”聊天。别人聊做饭，她就讲她几年来做早餐不重样人人称赞；别人聊孩子，她就翻出自己孩子从小到大的各种奖状；别人聊事业，她就讲自己能赚多少多少钱；别人说老公，她就晒自己老公刚送给她的钻戒……最后有人说，检查身体时发现自己血压高了，她立刻证明自己的血压比所有人都高……

请问，你喜欢和这种处处比你强的“完人”在一起吗？这也是为何很多女汉子、大姐大在男生那里受欢迎率较低的缘故。

你差不多雌雄同体无所不能了，男人在你身边会显得无用。当他感觉不被需要，在你面前无所施展，他就会很无趣。

对于无所不能的女汉子、大姐大，男人可能会很欣赏你佩服你，对你做事不会有任何担心，同时也可以了无牵挂，你们之间的能量因此进入了绝对平衡状态，关系反而容易停滞、断裂。

你看男生陷入爱河的时候，最喜欢说自己心爱的女生是小傻瓜、小笨蛋，总是担心她做不好这个做不好那个，以此来显示自己的强壮有力。

其实是这女生真的很傻很笨吗？不一定啊。但是在男人眼里，如果女人需要他保护、需要他帮助，就会显得他自己有力量、有价值，所以女生在他心目中也会显得更可爱更珍贵。

在人际关系中，有效果比有道理更重要。作为一位女生，只要你内心是强大自信的，行为上偶尔“示弱”，也是给对方以“被需要”的价值，可以使彼此的关系更亲密，想一想，何乐而不为呢？

恋爱里的作（zuō）女也有春天

作（zuō）女。近两年挺流行的一个词。可以简单理解为：一个爱撒娇、使小性子、没事找事，甚至故意挑起一些事端以求关注呵护的女子。

知之为知之，不知上网之。我又特地去网上查了一下。上面说：作女，是指不安于平凡生活的女性，渴望激情与刺激。

喜欢“作”的女人在英语中叫作“high-maintenance woman”，她们不安于平淡的生活，渴望激情与刺激，最突出的表现是爱跟亲密的人无端闹别扭，不管伴侣怎么努力，就是猜不准她的心思。有人以“作”来寻开心，有人却以“作”作为心理救赎。

对于现代女性而言，“作”能获得异性更多的注意和关爱，“作”得过火或与童年经历有关，它会导致两性关系紧张。但长期“作”过火，则要警惕“作”中隐藏的心理问题。

有人在醒来平台上向我提问：“遇到特别作的女生，弄得双方都好累，有办法解决吗？”

我说：小“作”怡情、大“作”伤心。恋爱婚姻中，女人偶尔撒撒娇、使个小性子、玩点小手段，可以引起男人更多的关注、呵护，增加两个人关系的互动，加些麻辣酸甜的小佐料，也算是两性关系中的情趣吧。

但是“作”得太多、太过，把握不好频率和尺度，就适得其反、伤心伤情了。

那么，怎么解决呢？透过行为看本质，先得找到问题的根源。

第一种情况：作女们多在认知层面有价值观的误区。

现在有很多鸡汤文章或者类似的书籍，总是宣扬“撒娇女人最好命”，还有什么“驭夫三十六计”“怎样抓住男人心”等等，都是在教女人要有“手段”“技术”，去控制和驾驭男人。这都是价值观的误导，会让很多人认为：做女人就应该有心机，必须会撒娇，没事“作”事、使点小性子，才能让男人更喜欢，才能把对方抓得更牢。

无疑，有这种想法的女人头脑过于简单。男人爱你，才会包容你的“作”。他若爱你，你的“作”就是百媚横生、绝世卡哇伊；他若不爱你，你做什么都是错，“作”就更是丑人多作怪。所以，要不要“作”，“作”了是否有效，前提是他爱不爱你。

林黛玉可称“作女”鼻祖，各种哭死哭活、“作”天“作”地，在爱她的贾宝玉眼里还是“一朵轻云刚出岫”。你让林妹妹对着焦大“作”一个试试，不早被骂个狗血喷头了。

然而，就算他真的爱你，也请记得你上辈子并没有拯救银河系，也没有一辈子不变的承诺，恋爱婚姻中的两个人地位是平等的，相互尊重，保持付出与获得的相对平衡，才能让恋爱婚姻更和谐持久。

恋爱婚姻中的“作”，花样、频率、高度、深度都请注意要适度。动机和情绪虽然可以接受，但行为不能太过火。

还是那八个字：小作怡情，大作伤心。

让我为您支招——

很多“作女”挑刺、抱怨、耍手段、玩心机，其实是根本不知道自己要什么，只是一味听从身边无聊的八卦，或看一些所谓的“女人鸡汤”。爱情婚姻如鞋子，舒不舒服自己知道，何须听信别人的话呢？

所以，“作女”应远离垃圾八卦负能量的人，多向积极健康优秀的人学习，多看一些真正有价值、有意义的好书，认清自己的身份、位置，清楚自己内心真正的需求，你就不会像小孩子一样只会用哭闹撒娇来索求了。

如果你是男人，遇到了爱“作”的女朋友，你首先应做到的，就是要有成熟的心态，用成年人的态度来对待爱情和婚姻。因为伴侣关系的信念、行为是相互影响的，很多时候，她的“作”其实是因为你的纵容。你可以用属于成年人的、真诚的沟通态度，向你的“作女”表达：“亲爱的，我爱你，我尊重你，同时也希望你用真诚的方式来向我表达你的想法。我们都是成年人，你对我有什么样的需求，对我们俩的关系有什么样的想法，请你明确地向我表达，我有时无法快速准确地猜到你的心思，这不但浪费时间，还会引起不必要的误会。如果可以，我们不妨作一次深度沟通吧！”

第二种情况：作女们用行为的“作”表达内心爱的渴望。

如果你遇到了一位爱“作”的女朋友，你要反思一下，是不是在你这里，她未能得到足够的爱——至少还没有达到她的需求。所以她用撒娇、使小性子、没事找事等行为来引起你更多的关注，渴望得到你更多的爱。她用“作”的方式试探你的底线，尝试如何把你抓得更牢。

渴望爱的动机是没错的，情绪也是可以接纳的。只是她的行为没有效果。

让我为您支招——

作女们醒醒吧，没有人能够真的操控和改变另一个人，除非他愿意配合你。

想通过“作”的方式操控男人，把他抓得更牢？很多时候，你只会把他推得更远。你如果真的对他有要求，可能直说比较好。

另一方面，男人也应该多觉察自己对女友的爱与关心是否真的足够，你对她爱的方式是否真的是她所需要和渴望的？我加你，并不一定就等于“我们”。两个人要多创造一些“我们”共同的爱好、情趣，要多一些相互的陪伴，拥有亲密关系中的“黄金时间”。

第三种情况：作女们多是在找爸爸。

有些女孩子在成长过程中，父亲对她非常宠爱，她在找男朋友的时候就希望找一个像她父亲一样的人，对她呵护备至。问题是爸爸只有一个，到哪里再找一个像自己爸爸一样对自己有求必应、百般包容、掌上明珠般珍爱的男人呢？可她却认为自己找的男朋友就应该是自己“爸爸”这样的，如果男友做不到上述“爸爸”的标准，她就用小女孩的状态去要求，具体表现形式为“作”。

还有另一种情况，女孩在成长过程中没有得到足够的父爱，她渴望找到自己心目中的理想“父亲”做伴侣，她会在男友身上找自己缺失的父爱，所以她也会用“作”的方式，渴望牢牢地把对方抓住，从而获得她心目中理想的“父爱”。

然而，现实总是太残忍。找爸爸的“作女”们的爱情春天往往都很短暂，因为没有哪个男人可以真的像你爸爸。

让我为您支招——

如果你的女朋友是“作女”，而你又很想两人有美好的未来，那么两位都需要通过学习来共同成长，最好的办法就是通过一起学习，共同成长。

我变，你变，世界变

有女学员问我：“我怎么做才能影响到老公也学习改变呢？”

我问：“他愿意接受你的影响吗？”

她说：“不愿意啊，所以我才发愁怎么影响到他！”

我笑：“他不愿意，你还要‘影响’？那是操控。”

她问：“他怎样才能愿意呢？”

我说：“我不知道，那是他的事。你来问我，我只能对你说，你改变不了任何人，你只能改变你自己。”

她继续穷追不舍：“只要我改变了，就能让他改变吗？”

我说：“放下你必须要他改变的心，你才真的改变！”

刚开始学习的人，最喜欢焦点向外，觉得自己好像成了医生，拎起“二把刀”去“改变”别人，美其名曰：我影响到你也发生了改变。

当发现对方不接受自己的“美意”的时候，就会更急赤白脸地寻求方法想去强行“影响”对方做出改变——当然，需要改变成他想要的样子。

结果，除了让对方更加怀疑你入了邪教，更加排斥你的操控。

心理学大师荣格离世前曾跟徒弟们叮嘱：“你连想改变别人的念头都

不要有！作为老师，不要对学员的成长有期待，要像太阳一样，只是发出光和热，每个人接收阳光的反应有不同，有人觉得刺眼，有人觉得温暖，有人甚至躲开阳光！种子破土发芽前没有任何的迹象，那是因为没到那个时间点！永远相信每个人都是自己的拯救者！”

所以，把改变别人的念头收回来吧，哪怕他是你的老公，你内心那么渴望把他变成你想要的样子，而只有你放下这个念头，把焦点放在自己身上，继续改变自己，因为只要你变了，其实他就该开始发生改变。

试想一下，就算家里有盆植物开了花，都会影响到家里的氛围、人的心情，更何况是你这个家庭重要成员的改变呢？直到他能感受到你改变的价值，你才有可能“影响”到他愿意接受你的建议。

到最后你发现，你真的不再想去“改变”他的时候，他却真的改变了。

而当你把焦点收回，学习到一定时候，你就会发现自己的想法开始变了：

1. 他挺好的，我干吗一定要他改变？

2. 我现在自己感觉挺好的，不需要再去改变他才会觉得快乐。

3. 他的确不够好，可我也不够好，既然还能在一起，那就说明有值得在一起的价值。都是我自己选的，我接受，我负责。

女学员听完不好意思地笑笑，又皱起了眉头：

“我就怕自己真的改变了，最后我就只能放弃他了……”

我说：“会有这种可能性的。如果真的出现这个结果，并不仅仅是你学习改变造成的吧？ 这并不是你不学习不进步的理由，因为你学习是为了让自己获得更多的爱和尊重，对自己的未来有更多主动权。”

如果真的如你所说，最后你放弃了他，只能说明你俩真的无法同行了。而那时的你，更清晰自己的需要，更有力量面对生活的变化，去追求自己想要的生活。

当然，如果这一幕是你不想发生的，你也可以选择让自己封闭起来，按对方的标准生活，活成他认为好的样子，只要你觉得这样做更值得。

只是，这个世界永远不变的是永远在变，也不会因为你牺牲了自己成长会保持你想要的“不变”。

世界变，我们必须顺应；他人变，我们不能操控；只有我们自己变，我们才能以自己的不变应世界的万变。

找个我爱的人还是爱我的人

我们常听到一种言论：要找个爱自己更多的人结婚，这样不至于太累。持有这种论调的人，这是拿婚姻爱情当生意做呢？还想着稳赚不赔净盈利？只想对方爱自己多一些，为自己付出多一些，自己可以只享受照顾不用多付出，这是找伴侣呢还是找爸爸呢？

婚姻是人生大事，如果要面对一个你不怎么爱的人，就像长期面对一盘不爱吃的菜，只知道这盘菜对自己身体好，可是真的不爱吃，可还要吃下去，你觉得这样好受吗？

当然，如果你愿意一辈子吃这种菜，那也随你。

有人说："如果我爱他多了，真的累啊……"

我说："是啊，真爱，就是给你想为对方多做些事的动力，你会觉得能为他做事就很幸福，你会嫌自己收获幸福太多吗？如果你为他做事而感觉累，那就不是真爱。"

还会有人说："如果我为他付出很多，而他不愿意为我付出的话，我岂不是很吃亏？"

我说："只有父母给孩子的爱才是不计回报的，也无法追求平衡，因为亲子之爱是向前发展的。可是伴侣彼此是平等的，伴侣之爱需要付出与收取的相对平衡。总是计较得失的并不是爱，只是需要找个人代替你的父母来照顾你而已，这是典型的小孩子状态，建议还是等心理成熟些再找伴侣吧。”

什么是真爱的感觉？不是那种可以让人智商变零、头脑发昏、奋不顾身、不顾一切的激情吗？不是那种愿意为对方做很多事，付出自己也要为对方好的全然吗？

虽然有科学家分析爱情是人体内多巴胺分泌的结果，可是人生在世，如果不能经历这美好的忘我的爱情，岂不是人生最大的遗憾？

有位90后姑娘就很通透，她说：“我一定要追求自己爱的人，而且还要和自己爱的人在一起。因为，自己要追的人肯定是自己爱的，在自己心目中也是更优秀的，如果能把他追到手，那多有成就感：看，那么优秀的人都被我追到手了！就算以后俩人吵架，我都会告诉自己：“都是我自己选的，我自己追来的，忍忍吧！”可要是我并没那么爱他，还是他追的我，俩人一吵架我肯定觉得是自己当初眼瞎了……

哈哈哈，敢追求自己想要的，为自己的选择敢担当，这样的人生岂不快哉？如果在婚姻爱情面前，过于清醒客观地算计对方的条件，算计彼此的付出，只能算是找个搭伙过日子的伴，或者合开人生有限公司的股东。这样的人生，想想挺无趣的。

奉劝总是希望在婚姻里对方爱自己多一些、付出更多一些的朋友，请醒醒吧：爱情不是买卖，更不是扶贫，爱情是无怨无悔、甘之若饴的“我愿意”！

人的一生，被爱是一种幸福，能够有爱的激情，并有人可以让你去付出爱，那更是一种幸福。

记得很早看过一段话很让我心动，最后分享给大家：“我喜欢深深地看着你并被你深深地看着，我喜欢深深地爱着你并被你深深地爱着”，祝福大家都能收获到真爱，无怨无悔。

第三章

不一样的努力：慢慢走才会很快

没有谁的人生，
可以一蹴而就，
一帆风顺。
优秀并非与生俱来，
真正的努力不是一意孤行，
一鼓作气，
而是按照自己的节奏和方式，
不紧不慢地踏实走好。
因为，
慢慢走才会很快。

你真的努力了吗?

“努力”这个词，仁者见仁，智者见智，每个人对努力程度的标准都不同。

我女儿学钢琴期间，由于觉得枯燥单调，总想偷懒。每逢我训斥她不好好练琴时，她总会跟我据理力争：“我已经很努力了，我真的很努力地练琴了。”

我大怒：“你这屁股挨下琴凳的方式只能叫‘练了’，而不能叫练琴！”女儿很委屈，因为她觉得自己真的“努力”了。时过境迁，现在的女儿已经喜欢上了钢琴，一有时间就会主动练琴，用她的话说，一天不摸钢琴就会有罪恶感。

一天，她主动对我讲：“妈妈，我现在才明白当初我是真的没有努力练琴，可当时我却认为自己挺努力的了。”

我叹口气道：“是啊，我们都觉得自己足够努力了，其实都还差得远呢！”

女儿问：“那怎样才算真的努力呢？”

我陷入沉思。是啊，怎样才算是真的努力呢？难道努力是按投入时间的长短来计算的吗？ 回头看看自己的经历，不可否认，我今天看似游刃有余的状态，确实是我长期以来努力的结果。但这个努力不一定是在时间上投入了多少，而是“用心”的程度。

自从做了气场教练，我甚至连走路、吃饭、睡觉都在念叨着它，好像我的生活就这么些事……生活处处皆学问，就看你是否留心了。正如有句话说的：你必须用尽全力，才会看起来毫不费力。

我终于明白：其实我真的是“很努力”。我之所以有时候认为自己还不够“努力”，是因为我们从小就把“努力”和“辛苦”画了等号，觉得唯有头悬梁锥刺股苦不堪言才叫作努力。现在我才明白，当你做的是自己真正热爱的事情，处处都能感受到做这件事的价值，享受其乐趣，便不会觉得所做的一切是辛苦的。

真正的努力并不是时间的累积和劳动的强度，而是用心投入，享受过程，体现价值。做自己热爱的事，身累而心不累，努力并快乐着！

我的三头六臂高效工作大法

经常有人问我：你是怎么做好时间管理的？

话说我真的很懵：时间管理？我没做过啊！

可一旦坐下来盘点过去我都做了什么，我就会和朋友们一样大吃一惊：在有限的时间里，我居然真的做了那么多事！我天南海北地工作，写文章，与朋友们分享我的原创文章，不谦虚地说，时间真的被我管理得很好。

如此高质量的工作学习，我这是有三头六臂吗？！

我确实没有什么时间管理的理论基础，自己抱着脑袋想半天，总结出我的三头六臂高效工作大法，分享个淋漓尽致：

1. 要事第一，自封退路倒计时

“要事管理”指的是把对于未来最重要、最当紧的事作为要事。

将这件要事设定为自己的阶段性目标，然后围绕它展开所有工作，暂时舍弃不重要的事，聚焦才会有力。

受他的启发，我会定期梳理自己要做的事，把要事提出来作为阶段性目标。

明确好目标，立刻行动！不犹豫不磨叽！一如我常说的那句话：我们不是准备完美才出发，我们是向着完美不断前进的。

定好方向，封住退路，接下来就是划分阶段性小目标。

要事第一，自封退路倒计时！想做成事，必须对自己狠一些！

2. 必须要做的几件事，合理统筹同开工

比如我晚上集中精力学习和研究，再高效也需要坐在电脑前一个多小时，不能就那么坐着啊，我买来一台艾灸仪做艾灸，工作养生两不误。

我的腰不好，时常需要平躺休息。躺床上干吗呢？听微课、看书、语音点评作业、安排工作，刷朋友圈发帖子，哪怕和老妈煲个电话粥都是有意义的。

这个时候手没闲着、嘴没闲着，可脚闲着呢，就按瑜伽老师教的“伸缩脚趾大法”锻炼腿上肌肉群，我每天的任务是左右脚各一百下呢，哈哈哈，同时完工！

早上听着微课刷牙，晚上听着微课卸妆，看着电视还能铺上瑜伽垫做伸拉。

我开始工作的时候，洗衣机里就开始洗衣服，工作累了就起身晾衣服，收拾房间，敲敲腿、浇浇花，转悠够了继续坐下工作。

写到这里我自己都想乐：我对自己可是分秒必争啊！我想我就是聚焦要事的同时还能见缝插针、合理安排小事的三头六臂大仙！

3. 碎片时间充分学习

现代人都觉得自己很忙，没时间学习。鲁迅先生早就说过：时间就像海绵里的水，挤一挤总是有的。

我是怎样充分利用碎片时间学习的呢？在刷牙洗脸卸妆的时候，在厨房包饺子、煮粥、洗菜的时候，我都在听微课。人家开车听音乐的时候我

在听微课，人家睡前看电视的时候我在听微课。

哈哈，简直是高效学习大神！

补充一点啊，我买微课不是一口气买很多，而是学完一个，学明白了一个才买下一个。对于真正有价值的大咖微课，听第一遍时我在找感觉在思考，听第二遍时我在记笔记在做应用尝试，听第三遍时我就是继续深挖灵感了。这是本“学霸”的学习方法。

此外，我家有好多书架好多书，洗手间、床头、沙发、茶几都会随手放本书。在家里转换空间时，随时都能翻一翻看一段。熟读唐诗三百首，不会作诗也会偷。把自己泡在书堆里，日积月累，熏陶出一身书香，有什么比得上这身心的整形呢？

我每天还会看各种新闻网站，看最热的电视节目，在朋友圈、微博保持互动。这些即时休闲也是学习，让我始终与时俱进，让我的身心脑随时代更新。

我这个看上去最没时间学习的人，其实随时都在学习。

时间一直都有，学习随处皆可，问题在于，你真的充分利用了吗？

4.观察、思考成习惯，有灵感就记录

观察思考已经成为我的本能习惯。

不管是看电视、逛街、看书、听微课、刷朋友圈，还是和朋友聊天，我随时都会结合实际作思考，有灵感立刻记录下来。

看到可用的新闻或者图片，我会立刻下载备用，说不定哪天的课程就用上了呢！住闺密家半夜聊天有了灵感，立刻爬起来记在本上，等着上课当案例。

开车的时候有了灵感不方便记录，我就开着车对空气开讲，自己讲一遍就把思路捋一遍，回家再记录下来。

现在有很多比较方便的手机软件，可以直接把语音转化成文字，可以

记下瞬间的灵感，有时间回看就可能整理出一篇文章来，或者拿来更新升级课程。

以上就是我自己的私房秘籍——三头六臂高效工作大法！没有高深难懂，也没有点石成金，而是一些灵活实用的方法，加上积极向上的态度，你其实也可以做到。

不做不会怎样，做了真的会有所不同。

四两拨千斤的隐喻

系统排列的创始人海灵格老人来中国讲课，我有幸参加了他在北京的公开课。

现场提问刚开始，一位戴眼镜的小伙子就冲上舞台抢占与大师对话的机会。

小伙子问："我很痛苦，为何我总会遇到伤害我的人？"

90岁的海灵格老人看了看小伙子，一字一句地说："我年轻时有很长一段时间戴眼镜，可是后来，我就不戴了。"

台上小伙子一脸茫然，台下观众开始有人发出会心的笑声。

那小伙子懵了半天，看海灵格没下文，就耸耸肩膀："其实我不近视，平时也不戴眼镜，这个是平光镜……"

……

海灵格老人是用这句话传道——你的痛苦就像那副眼镜，你可以选择不戴它的；你看到的那些伤害你的人，也许是你戴着"有色眼镜"看到的，去掉它，你看到的世界或许就不一样了……

海灵格用一句话诠释了这么深的道理，这四两拨千斤的秘密武器就叫作“隐喻”。

隐喻，指沟通者通过讲故事、打比方的方式，在内容中隐含对方的信息事件，让接受者在较有选择的情境中接受信息，可以避开意识抗拒，是一种有效的沟通语言模式。

在李中莹老师的课堂上，各种隐喻的手法也是信手拈来，直把深奥难懂的理论诠释得趣味横生。

有人问：“李老师，我通过学习建立了新的信念，可为何一做事就容易反弹，还是旧信念占上风，我该怎么办呢？”

李中莹老师用他的港式普通话隐喻开来：“我是住在深山的山民，有把锈迹斑斑的破柴刀，平时上山用这把刀砍柴加防身。大家都说这把刀不好用，我也感觉到这把刀该换了，可是却没得换。终于有一次机会，从别人那里获得了一把全新的柴刀，我想，今后就用它了，又漂亮又好用。可是旧刀再不好也用习惯了，所以上山时就会把新旧两把刀都带在身上。

这天，我刚到山上就见一只老虎扑过来，情急之下，习惯占上风，我顺手就操起旧刀抵挡，虽然新刀更好用，可还没用顺手；旧刀再不好，却能紧急时刻为我抵挡老虎，这个时候我没时间也没机会换新刀。于是就一直用旧刀挡——挡——挡。”

我们全体被这个临时编纂的故事吸引住了：“然后呢？”

老爷子继续讲道：“然后……咦？老虎要去洗手间了（哈哈哈，老爷子真是脑洞大开），趁这个机会赶紧换新刀上阵吧，从此我就会用新刀了！”

哄堂大笑中，一个苦大仇深的问题就在一个隐喻的故事中解决了。

有一次，有人和我探讨“本自具足，何需外求”这句话。

对方说：“可难度在于：我怎么知道并相信‘本自具足’啊！”

我说：“这是你的‘念’。当你相信‘一念之转’，那就真的只有‘一念’之隔，你相信‘很难’，那就隔着千山万水……”

然后，我讲了自己的故事——

我和女儿在海南度假。酒店有游泳池，我俩都不会游泳，又很想去体验，就买了两个大救生圈下到游泳池里。泳池水很浅，救生圈很大，泳池里大人小孩乱扑腾，泳池边还有救生员不停在巡视，也就是说就算不会游泳，这里也足够安全。

可是身高一米七的母女俩，竟然抱着救生圈傻傻地站在泳池里面面相觑，画面极其滑稽。

为什么呢？害怕啊！

我明明知道只要抱着救生圈就可以漂起来，体验一下“伪游泳”的感觉也好啊，可是那一刻我发现自己内心是恐惧和抗拒的。

意识上我绝对清楚自己是“安全”的，可潜意识里还是为“不安全”而恐惧。

因为我不相信，所以我不敢。

可是，当妈妈的总要在女儿面前做个榜样啊，终于，我鼓起勇气，故作轻松地“扑”在救生圈上，双脚漂了起来。哎呀，原来真的不会沉下去啊，原来在水上漂浮的感觉这么好……

女儿看到我这样也放下心来，小心翼翼地尝试着漂了起来……

那一刻我们才体会到：放下执念，全然相信带来的快乐。

对方听完我讲的故事，若有所悟。

我对她说：“你现在的状态就像抱着救生圈站在泳池里的我，明明眼前是满满的具足的丰盛状态，可就是紧紧地抓住自己的执念，不敢相信不敢面对不愿尝试。”

她听完轻松地笑了。

隐喻完胜。

隐喻的好用之处在于：没有直接面对意识层面的抗拒，无需讲道理，而是用浅显有趣的故事去引导、启发，到了那个关键点，轻轻一推，心门就开了。这就是四两拨千斤。

再补一个隐喻，感受四两拨千斤的奇妙。

有人不服某情感导师，说这导师自己都离了两次婚，怎么能为别人的婚姻指点迷津呢？

我问：“你允许医生生病吗？”

对方说：“那当然，医生也是人啊！生病这事也不是他一个人造成的。”

我说：“是啊，医生也会生病，因为生病这事不会因为他的身份而幸免。同时也不代表他没有为我们治病的专业能力。所以，我们生病还是要找医生治病对吧？”

她不好意思地笑了：“我明白了，谢谢您！”

你的人生你做主

我的老师李中莹先生是华人世界的NLP大师，学生们对他敬重景仰，常怀揣“重大问题”向他请教。

有学生问：“李老师，我要怎么做才可以成为您这样的导师？”

李老师答：“做所有该做的。”

我们面对行业权威时，总是觉得他们怀揣着高不可测、秘而不宣的神功秘籍，好像他传你一招就能使你立刻成为名师。而实际上，权威们当下的“轻松潇洒”来自数十年的艰辛努力，被很多人向往的“神功秘籍”就是那些简单方法，只是他们踏踏实实把简单做到了不简单。天赋是药引子，基本功是构成元素，时间是发酵剂。

成功由多种元素促成。这些元素99%是那些简单的细节，你首先要相信这些细节的力量，然后坚持去做，直到把细节做到炉火纯青、无可替代，就像很多不起眼的小溪流经你一点点的疏通、整合，最终在某个时间某个节点汇聚成大河。别人看到大河时，为它的澎湃壮观感叹不已，却不知令人拜服的大河却是来自于一条条不起眼的小溪。

不积跬步，无以至千里，这是千百年的一条真理。可现在好多人却越来越浮躁，懒得去练基本功，而是把注意力放在怎样走捷径，取得“妙招秘籍”。市场是最好的试金石，好不好、真不真，出来走走就知道了，缺乏基本功而靠投机取巧迅速走红的，只会飞得越高摔得越狠。

我初入行时也经历过模仿阶段。可是，在别人那里做出来风姿绰约、满场喝彩，由我生搬硬套出来，就是西施效颦、矫揉造作，连我女儿都看哭了：“妈妈，你太丢人了！”因此，即便在初学时的模仿阶段，学习也是要讲究方法的，模仿也是有技术的，汲取他人经验时只能取其神，不能学其形。如果没有自己的思考和领悟，就如同没有“道”的指引，单纯去学“术”，一定是拙劣并且不长久的。

现在，我只坚持一个信念：“做自己。如果只是一味模仿别人，那你最终什么都不是。”

我现在翻看以前学过看过的书，总觉得好像从来没看过一样！因为现在接收到的知识和现阶段的智慧和以前不同。这情景就像一群人在爬山，大家起步的时间和高度都不同。我在山脚下累得挥汗如雨，连滚带爬地行进在崎岖的小路上，感觉前途无望；爬到山中部的人在快乐地唱歌；到达山顶的人则在感叹：“好美啊！”山脚下的人，也许抬头只看到前方的枯枝烂叶，无法感受山上人们的轻松，也看不到他们描述的美景。这个时候，也许有人怀疑，有人停下，有人改变方向。但我坚信前方有风景，一步步往前走，一路看到、感受到的会越来越不同，当最后爬到山顶时，我获得了属于自己的认知和价值。这个过程和感受，只是我自己的，因我个人的信念、经验、资源、机缘而不同于其他人。所以李中莹老师常幽默地点醒学员：“千万不要让某些‘大师’的话左右你的人生。你也许会死得很惨，而且找不到人去报仇。”你的人生你做主，经验教训可以借鉴，成功却永远无法复制。

现在仍要回到最初的问题，什么才是“所有该做的”？总的说来，就是不要一味模仿照抄，要踏踏实实去实践、总结、思考、修正、成长。简单的事情重复做，你就是专家；重复的事情用心做，你就是赢家。坚持把技术做到炉火纯青，把细节做到无可替代，所谓成功与伟大，就是在平凡中做出不平凡的坚持。做所有你该做的！

向着完美的方向不断前行

我叫王折腾，因为我出了名的爱折腾，而且无处不折腾。

有一段时间心血来潮，我把家里的家具差不多换了个遍。每天拿着钢卷尺满屋子量尺寸，后来发展到老公和女儿听见钢卷尺“刺啦”打开的声音，就知道某件老家具已经地位不保了。

各位过日子的人都明白：要么你就新房装修买新家具最省事，住进去以后局部装修或换家具实在是脱层皮的折腾。

而且倒腾物品这事儿还无法找钟点工代劳，因为只有你自己知道什么该留、什么该扔、什么该放在哪个位置。所以，光是倒腾书架上的藏书就累得我胳膊抬不起来。其间还摔碎不少花盆瓶盖杯子碗，扔掉不少“鸡肋”衣服杂物。可结果是喜人的，家里旧貌换新颜，对于我这种视觉动物而言，简直像重获新生般喜悦；一直表示不支持也不反对的孩她爹也在抱怨中难掩兴奋之情。毕竟，在家居环境这事上，人们差不多都是喜新厌旧、嫌贫爱富的。

如果仅仅是折腾这些，我就不叫“王折腾”了。我还喜欢折腾自己的人生。

当年工作了11年的电视台金饭碗多少人羡慕，我却非要折腾，跑到南方只身打天下；五年后跨省搬迁回到郑州，做职业经理人体验了好几个行业；两年后再折腾到北京，本来可以在家相夫教子，却在39岁“高龄”折腾着交了学费学礼仪做培训；做礼仪培训师做出名了，又不满足了，折腾着去学心理学；做婚姻情感导师有市场有平台多好啊，又要折腾自己单打独斗开辟新门类：气场！

我妈对我十几年如一日的折腾已经从最初的惊悚、惊吓，慢慢变得处变不惊，顶多化作一句：“唉，你又折腾什么呢？你累不累啊？”

不累不累我不累，我的人生格言是：不折腾，不成活！

不折腾，难道闷在一成不变的环境中颓废变老？不折腾，怎能把平常日子过得有品有位有情趣？不折腾，怎么能让自己的人生推陈出新、机遇不断？折腾不是无目的地瞎折腾，而是为自己的人生更新升级。人是通过行动来成长的，我一直坚信机会只留给有准备的人。

当然，每次折腾都会有外因的压力，可关键在于我没有逆来顺受，而是顺风折腾、逆风飞扬。结果就这么折腾出自己的一片天地，虽然不大，却有足够的主动权。

广大人民群众往往只看到我折腾后的结果，于是以为我24小时轻松幸福光鲜亮丽。

有人说：“你折腾，那是因为你有钱。”

还有人说：“你有天赋啊，你有背景啊，你有资源啊，你有能力啊，你有力气啊……可我什么都没有……”

其实，这些我一开始也没有。如果我当初和你一样，只盯着自己没有的、不行的，然后认命混日子的话，今天的我不过是一个庸碌纠结、只剩一声嗟叹却无力改变任何事物的中年妇女。

女作家张爱玲说：“生命就是一袭华美的袍，里面爬满了虱子。”我和大家一样，都穿着一件这样的袍，只不过，我经常会主动想办法消灭虱子，或带着虱子起舞。

光鲜亮丽、轻松满足、成功快乐的生活就是我们不遗余力折腾出来的。努力未必成功，放弃注定失败。你什么事都不敢做，还想要机会砸中你并一举成功？

你连失败都没有体验过，哪有足够的经验和能力为成功打好地基？做事前怕狼后怕虎，舍不得花钱，不想改变，担心失败，算计得失，那就只能生活是老样子，人只是样子老。

我们不是准备完美才出发，我们是向着完美的方向不断前行的。

优秀都是逼出来的

有一次，我连续21天奔波在全国各地。在沈阳的工作结束后，我立刻拎起大箱子乘动车回北京。

客户公司的助理是位30多岁的东北大汉，送我到车站后跟我道别：“王老师辛苦了，照顾不周多包涵，你看咱这相处得像哥们儿一样……”

什么“哥们儿”？我明明是女人好不？请把我当女人一样照顾和对待好不好？

虽然我看上去不像居家小女人般娇滴滴弱不禁风，可实际上我的腰椎不好，不能拎重行李；我出门不分东西南北，在酒店还经常迷路；我拧不开瓶盖，我怕夜深路黑一个人赶路……

要强，努力，奋斗，女汉子，女强人……说实话，这些标签都不是我想要的，我的今天，真的是被逼出来的。

曾经有位男士“恭维”我：“您真是位优秀的女强人。”

我听了直接翻白眼：“没有女人喜欢被男人夸成女强人的，最起码我不喜欢。”

他很诧异：“您这么努力这么勤奋，不就是为了做优秀的女强人吗？”

我很无奈地看着他，一字一顿地说：“您误会了，我从小到大唯一不变的理想，就是衣来伸手，饭来张口，有人养活有人宠，干什么都不会，吃什么都不胖。”

这回轮到他大笑：“您在开玩笑吧？”

我认真地说：“怎么不可能？我就是没有做‘寄生虫’的福气，才被现实活活逼成了如今的模样。”

还有位我敬重的老太太，看着我每天东奔西跑呼风唤雨，无限感慨道：“你真能干！我那闺女真是放着好条件什么都不成，从小上名校，长大出国留学，回来也不工作，只在家带孩子，没事就出国旅游到处玩，真是一点上进心都没有。”

我羡慕坏了：“她命真好啊，我求不来啊！要是我女儿，我也是希望她有福气胜过有本事。”

老太太听了宽心一笑：“也是！”

我这心啊，都碎咧。

话说小时候，我也恨不得自己生来公主命，可惜又丑又土又笨，姐弟三人里面我最不受宠。为了得到爸爸的认可妈妈的爱，我这小半辈子都在拼命证明自己是最漂亮最优秀的那一个——我才是家里的顶梁柱！

第一次登上清华大学的讲台，我内心无比自豪，第一个电话就是打给老妈的，就想让她好好夸夸我。与此同时，我又在内心告慰已经去世多年的父亲，让他在天之灵为我骄傲。我挣到钱，就总想给我妈妈买点什么，带她坐飞机去国外旅游，让她去做她未曾做过的事情……事实正是如此，一个小时候没有得到父母认可和赞美的孩子，长大后内心里总想对这种渴望有所弥补。而且这种渴望得到父母认可的急切心情，也逼着我不断去努力做得更好。

大学毕业开始工作，本想安于本分，做点稳定的工作领工资奖金过活，不理杂七杂八的办公室人际纠纷。可最后还是疲于应付办公室政治，只好选择辞职，被逼着大踏步前行了。

后来下海去折腾，本想着混个差不多就得了，可又架不住被比较被淘汰的压力，生生又给逼出一股劲来：“我不能输！”

再后来我又折腾做气场教练，才发现优秀者多如繁星，你方唱罢我登场，甚至有许许多多根本就没露过脸的，直接被淹没掉。原本只想有份喜欢的工作做做就得了，没想到一头扎进去就真的爱上了。感到落后时心有不甘，感到自豪时信心大增。我逼着自己去增加自我价值，逼着自己去琢磨去学习；与人合作又逼着自己多付出多吃亏，因为“我要把它做长久”。

至于个人生活，每当我懒散一段时间，就会面目浮肿、身材走形，然后就逼着自己自律扮美。

今天看似光鲜亮丽的我，是活活被“逼”成这样的。之所以努力工作认真做人好好生活，首先出于内心深处对自己的尊重，其次是对自己的高标准严要求，因为我时刻告诫自己，无论何时，都要拥有属于自己的一片天空。在我看来，这才是对自己最好的爱和最大的负责。正如有句话所说：你不逼自己一把，怎么知道自己会这么优秀？

慢慢走，才会快

长期的工作劳累让我患上了腰椎间盘突出。为了配合医院的治疗，我大部分时间都躺在床上，身体越来越僵硬，而且我发现这样更容易腰痛。为此，我开始了主动锻炼，并请来一位专业瑜伽教练做私教。每次上课，瑜伽教练都根据我身体的情况，做简单而有效的训练，动作一点也不复杂，也从不要求我把动作做到极致，可是要想所有细节达标却很难做到，感觉身体的每一块肌肉都在发力，原来那些没有感觉的“懒肉懒筋”都得到了伸展和锻炼。

我这才发现，以前自己跟着视频，或者在健身房，或者参加短期课程学的动作，很多在细节上都不达标，结果只学了个大概，对细节似是而非，结果对身体造成更大的伤害。我跟着老师练习了半年，外形上还看不出有太大的瘦身变化，可是我的腰椎问题得到了很大的缓解，身体也柔韧灵活多了。我现在一点都不着急，因为我明白了：追求快速有效不仅仅是欲速则不达，失之毫厘谬以千里，甚至还会造成更大的损失。所以，慢慢走会更好。

有朋友做市场营销，跟我分享打开市场的秘诀：“把客户养懒、变傻就可以了。”

什么意思？

拿我们现在用的智能手机做例子吧，我们几乎可以足不出户在手机上处理完所有工作生活的事。你说，手机是不是把我们变懒了？而且你看，现在手机的所有操作都越来越简单明了，根本不用动脑筋，跟着点击或者划屏就可以了，是不是变傻了？

包括现在很多视频网站、新闻网站提供的海量信息，都是直接送到我们的手边和眼前，简单粗暴直接，有趣好玩快速，看时很乐呵，看完全忘记，真是把我们养得“又懒又傻”。而最后的结果呢？我们发现自己成了手机的“奴隶”，吃饭睡觉都离不了，完全被手机操控了，更可怕的是我们真的越来越懒得动脑子，越来越不会主动思考和行动了。

我认识一位互联网课程的负责人，跟我谈网络课程合作。都来不及听我的想法，就不断跟我强调：“嗯，差不多就好，就是要快，快，唯快不破！”

现在我想起这句话，都紧张得喘不过气来。

按这速度，感觉一辈子“嗖”地一下就快过去了，还真的挺可怕的。

现代人生活节奏快，可身体却越来越差；信息传递快，可好像什么都记不住；事业发展快，可钱却越来越不经用……

我不由得想起一句话：“慢下来，等一等我们的灵魂……”

以前，我们学知识要看书，联络要写信，做研究要笔录，看着白纸黑字，听着老师解读，抱着书本，嗅着笔墨香，思考着文字的内涵，身心灵都在参与整个学习的过程，那样的学习就像慢慢发酵的红酒，历久弥醇。

以前，我们吃的水果蔬菜都是按着季节慢慢生长的，春天才能吃上鲜韭菜，夏天才能吃上水蜜桃，西红柿是酸的，豆角是有虫眼的……

早上很多人骑着自行车迎着朝阳去上班，傍晚院子里摆起小饭桌一家人围坐在一起，看电视就那几个台，报纸杂志是我们了解外面世界的又一个窗口；去北京需要坐一夜绿皮火车，参加工作可能一个单位就是一辈子……

以前的生活真的挺慢，也存在很多僵化和不便，但是以前的人，心态和状态似乎都没有现在这样焦躁不安。

慢下脚步来，可以对过程更多地觉察和体会，可以让自己的灵魂和身体同步。这个道理我们都懂，可是真正要做到却很难。

我们会被日新月异的变化节奏带动，对扑面而来的机会不忍放弃，摆在眼前的诱惑似乎只要稍一努力就到手了……结果，我们身不由己地成为了工作的奴隶。

去年春节前，我因为连轴转直接把自己累倒了，腰椎间盘突出让我只能平躺才能缓解疼痛，这一下子真的让我慢下来了。之前定好的无法取消的课程，只能讲一会儿就去休息室躺一会儿，吃个饭都需要平躺十分钟再起来吃十分钟的节奏。

那段时间我的生活就是吃中药、按摩理疗加静养，不能出差，不能长时间讲课，甚至没办法伏案写东西。我忽然发现我被强制停下这些工作后，整个人不知该做什么才好，发现快速的节奏已经把我体验美好生活的能力给一并带走了。

那就试着重新开启慢生活吧。那段时间，我躺在沙发上追了好多之前没时间看的电视剧，打开了买来很久都没撕开塑封的书，到网上搜索各地的特色农产品，站在厨房看老公煎炒烹炸等着吃饭，能活动的时候就和女儿一起到对面超市走一走，吃串糖葫芦、看场广场舞……一切都令我感到很开心，感觉好久没有这样没心没肺地笑过了。

我对女儿说："这样的日子真好，什么也不想，也没什么要紧工作，连糖葫芦都这么好吃，我以前怎么没觉得呢？"

女儿说："其实这些一直都在，只是你以前太忙了，从来没有去关注过它们。"

我想想，还真是。

一时间，我感觉老天对我真的很眷顾，用腰疼的方式让我停下来、慢下来，让我能够开始重视自己已经元气大伤的身体，能够回顾自己走过的路，做很多深度思考，积蓄更多的力量去面对未来。

我很感恩这场腰椎伤痛，如果不是腰疼到站不住，依我这性格，但凡能站得住跑得动，肯定又跑去工作了；如果不是腰疼到一劳累身体就报警，我可能会继续损耗自己的身体，真要是酿成大病的话，哪里还只是治个腰疼这么简单呢？所以，腰痛是老天对我的爱，“慢慢走”是老天给我最好的指引。

同时我还发现，当我停下了很多工作，地球没有停止转动，客户也没有流失，更多新的机会主动找上了我，我还因为这段时间的慢生活加中药调养，变得气色红润、心情愉悦，像给自己加满了油。

一切都是最好的安排，让灵魂与身体同步，慢慢走，才会快。

再多道理都抵不过“我愿意”

静夜，微信收到一段私信——

“王敏老师：您好，一年前我曾跟您咨询过气场课程，不知您是否还记得我？我大学学的是空乘专业，接触过礼仪培训，很喜欢讲师这个职业。可大学毕业后三年多，一直在某单位基层工作，每天重复着同样的枯燥无味的工作。

“我真的很想做讲师，可是隔行如隔山，我在讲师这个领域没有任何经验和人脉，如同白纸一张。我不知道这个行业的路是否好走。请您给我指点一二，感谢！”

心怀讲师梦，却一直犹豫纠结的朋友真的很多，我经常要回答这一类的问题。今天又看到这样的咨询，就统一答复吧。

1

人生的路没有所谓好走不好走。

人生就是小马过河，不管是老水牛说的浅水只是到腿弯，还是小松鼠说的深水没顶会要命，都不能代表小马自己的真实体验。

如果你问我讲师这条路好不好走，我就问你现在从事的工作这条路好不好走呢？

其实都差不多吧？

这两者的区别只在于：现在的工作你已经度日如年，而讲师这条路是你一直向往并喜欢的。

既然做事都需要付出努力，能选择自己喜欢的事，不是人生幸事吗？

与其你问我这条路好不好走，不如问问自己这条路你愿不愿意走，因为，再多道理都抵不过“我愿意”！

2

人生真想达成梦想，必须不大正常。

没有什么轻而易举的成功，不管是在单位做琐碎具体的工作还是站上大舞台做明星导师，都需要你用心努力并经过时间的沉淀，都会经历过其中枯燥的过程。

就像我们看到舞蹈家翩若仙子，可你若想成为她那样的人，必须经过枯燥艰苦的基本功磨炼和时间沉淀，这是任何行业都无法跳跃过去的过程。

区别只在于，假如你是真心喜欢，你会在枯燥的过程中甘之若饴；你若真心愿意，你就不至于被一两次挫折打消了斗志。

“我愿意”，会让你对这个目标保持喜悦灵感和不灭的激情，会让你不再纠结辛苦的过程，而追求辛苦背后的价值和意义。

人生真想达成梦想，必须不大正常，必须要有浇不灭的激情和甘之若饴的痴狂。

3

努力未必成功，放弃注定失败。

从你自我介绍和你的头像看，你的基本条件还是不错的。

你一年前就跟我沟通过，现在又来找我，说明你对于这个选择很慎重，同时也说明讲师这个梦想真的让你念念不忘。

虽然我们面临人生重大选择会反复掂量，可你都用了一年时间也没把自己说服，并且还感觉自己现在的工作很枯燥无味，难道还要继续实验下去？

有句话说得好，再不折腾，我们就老了！

当然，现在的日子虽然枯燥可是习惯了，未来虽然美好却是未知的。很多人对未知恐惧，就止步在门口，一犹豫就是数年，最后发现自己内心依然怀有梦想，却失去了奋起直追的力气。

努力未必成功，放弃注定失败。

太多人纠结自己投资学费的回报，却不明白自己的时间、心情和自我成长是多么无价。

气场教练班的学费的确不便宜，可自己的人生更无价！

给自己圆一个梦，给自己未来更多可能性，甚至你在这个平台结识的同学、收获的资源、获得自身的价值，要超过你的预期。

学习是不会赔本的，尤其是投资在自己身心成长上的，未来总会加倍的还给你。

4

从一张白纸到讲师，很难吗？

其实不难，只需要“我愿意”！

我愿意之后，更要开始做！

人生的事大多败在“犹豫”二字。

有梦想，不难，一拍脑袋就有了；下决心，也不难，一拍胸脯就说了。

可为什么还有那么多人没有达成梦想呢？

因为败在“犹豫”二字。

今年，是我进入培训界第七个年头了，当年有位女性朋友和我一样心怀讲师梦，她比我年轻漂亮，生活也比我优越。我们在网上一起咨询考察讲师课程，交流信息。

当时我们都心疼学费，担心未来，可最终的分界线是：我咬咬牙打算“上一当”，她谨慎地等着观望我的“下场”。

后来，我如愿成为讲师，她在观望，看我能不能挣回学费。

再后来，我开了自己的课程，她想行动了，可发现学费翻了好几倍，又心疼止步了；

再再后来，她开始咨询气场课程想当我的学生了，可她更郁闷的是，当初和她一起咨询讲师课程的我，现在收的学费让她更心疼……

现在，她已经从我朋友圈消失了，据说她还在原来的单位原来的岗位，一切都是老样子，只是现在样子老了。

犹豫，是人生最大的成本。

老人们总是告诉我们做事不要冲动，要谨慎小心，要深思熟虑。

这话有一定道理，但绝不是我们不去做选择的理由。

所有的选择都是当下最好的选择，因为压根儿就没有什么选择是包赚不赔的，只看这个选择是否符合你的初心，和你真正想去的方向。

如果认定了，就别再犹豫，也别再算计得失成本了，你能算计的只是眼下，可人生的账本是老天的安排，你算不过来的。

人生任何选择都可能是“错”的，重点是你开始去做，怎样“将错就错”。

第四章

不一样的追求：只为美好随心

太多成功的人生，
似乎都源自一个励志的故事；
太多光鲜亮丽的表象背后，
似乎都曾经穿过炼狱。
然而，
人生不是向着苦难出发，
而是为了使一切轻松愉快。
生命无需负载累累，
一切美好随心——犹如雨入花心，自成甘苦；
水归器内，各现方圆。
唯有如此，我们才能保持内心的自由和对未知的惊喜。

聪明意在“得”，智慧意在“舍”

聪明和智慧，表达的意思似乎很接近，但又有所不同。那么，聪明与智慧的差别是什么？

聪明是善于利用资源得到更多更好，比如找朋友买东西给个折扣送个赠品；智慧则是顺应系统规律获得内心的轻松满足，比如干脆不买，因为拥有也是负累。

聪明意在“得”——善用资源将利益最大化；智慧意在“舍”——有所为有所不为，帮助别人最终成就自己。

聪明是一眼看到、立等可取的快乐，智慧是延迟享受的幸福。

聪明是反应敏捷，灵活变通，好汉不吃眼前亏；智慧是大智若愚，顺其自然，认准方向，坚守自己的底线。

聪明的人总觉得周围人都不如自己聪明；智慧的人总觉得周围人都很智慧，总愿虚心向他人学习。

智慧的人可能很容易失去眼前的利益，聪明的人却容易损伤看不到的未来价值。

现今，是个盛产聪明人的时代，聪明人特别容易看到机会，看到利益，也正因为如此，很多聪明人分散了注意力，迷失了方向，看不到更远更大的价值。

我们常说有些人爱耍“小聪明”，占小便宜吃大亏；也会钦佩某某是真的大智慧，有格局有胸怀有远见。

我女儿中学时住校，每周会带牛奶、水果、零食去学校。她有次不高兴地向我抱怨，说有位女同学总去蹭她的牛奶，同时还经常蹭其他同学的零食，并且经常借了大家的钱却“忘”了还。

女儿很不悦：“这种人真烦啊，可还是被她占了那么多便宜去…..”

我耐心地引导女儿：“她总是这样占别人的便宜，别人会喜欢她吗？”

女儿说：“谁喜欢她啊？都怕了她了，看见她过来都把零食藏起来。”

我说：“一点儿零食大家都要藏起来，以后要是有什么好事会不会愿意跟她分享呢？”

女儿说：“谁傻啊？当然不会了！”

我说：“那你觉得她是占便宜了还是吃亏了？”

女儿想了想：“嗯，是占小便宜吃大亏。”

我笑起来：“对啊，占了眼前一点蝇头小利，却让大家早早就看清了她的秉性，未来有好的机会也不会和这种人合作或分享，所以她一辈子也就只能做点占小便宜的事。这才真是亏大了呢！”

女儿听了乐起来。

我接着说：“至于你呢，一两盒牛奶不算什么，你乐意分享，不拘小节，身边的朋友会感受到你的大方好相处，更多的人会投桃报李，以后有了好机会也愿意和你一起分享，你得到的机会反而会更多呀……”

聪明本是好事，就怕你“太聪明”，以为大家都不知道你聪明。

其实对于这样的人，人人心里都有一杆秤，面上保持尊重不说破，心里已经离你千万里。

事实上，人际关系要良性发展，就要保持付出与收取的相对平衡，你把自己的小算盘拨得太精时，往往搬起石头砸了自己的脚。万事有因果，从因到果会有一个过程，这个发展过程有自然规律，相信因果关系，顺应大道，就是智慧。

礼仪发乎于心

古人云："礼者，敬人也。"礼，是一种尊重他人、尊重自己的表现，也是人际交往的润滑剂。

我曾做了三年的礼仪讲师，后来又学习了心理学，发现礼仪发乎于心，礼仪的标准和界限来自人的信念。

没有人会认为自己是不知礼的，没有人会认为自己做的事是失礼的。每个人都在用自己以为最好的方式来呈现自己，却不知你以为最好的方式未必能得到他人的认同。礼仪的概念和标准因人的阅历、学识、观念的不同而不同，礼仪的标准存在于每个人的信念中，人际交往的矛盾源于信念的冲突。

小时候家里来客人，我们不知道问好，妈妈会说："真没礼貌，赶紧叫叔叔阿姨。"可那叔叔在我家抽烟，烟灰乱掸，阿姨一屁股坐到卧室床上，我们也觉得他们好没礼貌；长大了，觉得自己算文化人了，看到有人乱扔垃圾会皱眉头："没素质！"可一转身看到久别重逢的老友，却又忘情地大呼小叫着抱在一起，被旁边的人嫌弃："大声喧哗，真没礼貌！"当老师了，天天跟人讲礼仪讲形象，在五星级酒店喝咖啡，觉得自己仪态优雅，可一不留神把口红印在咖啡杯上，坐在旁边的绅士看得皱起眉头，唉，不知不觉又失礼了。

礼仪发乎于心，这些细节小事处处体现着我们对自己的尊重和对他人的尊重。不同系统和不同身份的人有不同的信念和规则，我们习惯于用自己以为最好的方式去对待别人，殊不知，礼仪的最高境界是用对方感到舒服的方式去对待对方。

发乎情，止乎礼，礼就是节制，自律，界限，通过对自我言行的约束来达到对他人的尊重。这句话是在提醒我们，应时刻注意到“我”和他人是共同存在的。

马克思说：“人就是一切社会关系的总和。”灵性课程里说：“生命就是关系。”“我”并不是独立存在的，“我”是因为有“他”才有了自己相应的身份。尊重他人，和谐我和他的关系，自我价值才会得到体现。

在人类发展历史中，文化求异，文明趋同。大的系统中，文明礼仪的标准在逐渐走向一致，我们生活在大大小小的系统中，就要懂得越自律越自由。你不能总按自己的规则和习惯去任意而为，你的这些行为可能在某些小系统里是适用的，可在其他系统或者更大的系统中就未必通行。我们首先要遵循大系统中的文明规则，这样才会得到大系统的尊重和认同，才能逐渐走向大系统的核心位置。而在不同的小系统里有不同的规则和文化，我们要认清自己的身份，找准自己的位置，尊重他人的界限，尊重他人的感受，也只有发自内心地对他人的尊重，才是礼仪的最高境界。

礼仪是照顾到自己和他人的关系，“无我”其实就是观照到“我”和他人是共同存在的，只能估计到核心那个“小我”的人是力量不足的，能够通过礼仪顾及自己以及他人的人，才是自我价值高的人。

做“无用”之事，美好随心

我们总是习惯性用“有用”和“无用”来判断一件事值不值得做。

小时候我看见商店的洋娃娃就会赖着不走，姥姥对我妈说：“别惯孩子！买那东西有什么用啊？不能吃不能喝的！”他们经历过吃不饱穿不暖的阶段，所以对他们而言，吃喝才是最有用最有价值的。

上学时我和姐姐偷看电影杂志和小说，妈妈找我们谈话：“看这些闲书有什么用？看这些能考上清华北大吗？”

上大学，我学了美术，弟弟学了体育，学化工出身的爸爸长叹一声：“唉，花拳绣腿，你们学的全是没用的东西。”

前几年，一把年纪的我还满世界跑，逢年过节人家在旅游在聚会打麻将，我却基本都在忙工作。

身边亲戚朋友对我妈说：“好好的工作不要，又不安心在家带孩子，整天出去跑，有什么用呢？”

不过时至今日，好像没人这么说我了，因为他们看到“无用之事”在我这里创造的成果了。

若说起来呢，人生苦短，不能浪费时间，要做就做有用的事，可什么才是有用的事呢？“有用”？有什么用？对谁有用？

“有用”，也许可以解释为“有价值”，值得去做，做了就可以得到直接的利益回报的事。比如买了粮食可以果腹，好好学习可以考好成绩，学金融学计算机就比学中文学美术就业更容易。

这都是我们凭已有的阅历和知识总结出来的经验，固然有一定的道理，可没有任何经验是在任何时间对任何人、任何事都适用的。

“有用”“无用”要分人，没有两个人是一样的，“有用”或者“无用”只是相对而言。

马云创建阿里巴巴时，有多少人会认为他在做着一件有用的事？有多少人给他泼冷水，对他不屑一顾，认为他纯属纸上谈兵。可现在呢？事实只能说明很多人的眼界不够远、格局不够大，只把眼光放在目光所及的“有用”之事上了。

女作家三毛与荷西在撒哈拉沙漠里生活多年，与很多当地人做邻居。有一次，三毛遇见一位土著艺术家雕的石刻，面对原始艺术的美，三毛激动得快哭了，用身上所有的钱把石雕买下抱回家。邻居得知她花了那么多钱买回一堆“有用”的破石头，都觉得不可理喻，在他们眼里三毛绝对是疯了。这也说明，“有用”和“无用”只是相对而言的。

“有用”和“无用”还会因为时间而转换。

庄子说：“不可与夏虫语冰。”说的是，你去给只能活到秋天的夏虫讲冰雪，它绝对是不能理解的。我们做什么事，“有用”还是“无用”，自己明白就好，无需被他人的意见左右。身边人用他的价值观来看你做的事，用他认为好的方式来爱护和提醒你，表示感谢就好，但他不是你，你也不是他，你做自己认为有用的事就好。

《道德经》在几千年前就论证了“有”和“无”的辩证关系——“无，名天地之始；有，名万物之母”，“天地万物生于有，有生于无”，“有之以为利，无之以为用”。无是有之意，有是无之意。

“有用”之事，有看得到的目标和利益；“无用”之事，做的是看不到的价值和意义。“有用”是具体、实际、可控、有边界的，“无用”是无形、感觉、意义、无限量的。做“有用”的事如果没有正确的发心，没有顺乎大道规律，做再多到头来也是“无用”的；做“无用”的事或许前期什么也看不到，但积累到一定阶段可能就会成为最有用的。

有位做企业的朋友对我说，生意人和企业家是两码事。生意人是聪明的，只做眼前能看到利益的“有用”之事，什么赚钱做什么，不好做了就换个生意做，总而言之，不赚钱就是“无用”。而企业家是要做事业履行使命的，所以为了企业的长久发展，会做长久规划，有可能在很多时候都是看不到利益甚至会贴钱进去的。然而，看似长期在做的“无用”之事，一旦积累到时机成熟时，回报的就不仅仅是利益了。

我的朋友媛媛，是当地著名的女企业家，她从事着很多人望而却步的殡葬行业。在别人眼里，这就是一个冷门的行业，却被她夫妇二人做得风生水起，公司也即将上市。

她在中国殡葬行业是领军人物，代表中国殡葬行业到联合国作申请非物质文化遗产的申请演讲，多年来为本行业的发展做了很多无私的奉献。她甚至在事业刚起步还没有赚钱的时候，就创办了红军苑烈士公墓，广泛寻找并安葬散落民间的红军烈士遗骸，这一义举后来得到了习主席的高度认可和致敬。可他们夫妇当时做这件事时，很多人都说这两口子是“脑子进水了”。

媛媛一直坚持做企业文化，而企业文化是无形的，在很多生意人眼里都是无用的。当媛媛夫妇的企业做出今天的辉煌成绩时，很多人惊呼：“呀！他们是怎么做出来的？运气怎么那么好？”可这些只做“有用”事的“聪明人”，却没有看到媛媛夫妇坚持那么多年的“无用”之事。他们今日的成功，正是这些“无用”之事积累来的福报。

聪明与智慧自古不同，很多“聪明”人是善于利用资源取得利益的最大化，他们多做眼前看得到利益的有用之事；而真正“智慧”的人，是顺应大道规律取得内心的轻松满足，种善因必得善果，做“无用”之事得无限之福报。

“有用”“无用”还会自然转换。

就像我每天抱着手机刷朋友圈，这看来是无用的事，可现在我充分地运用好了这“无用”之事，发掘了“无用”之事的最大价值与意义——写评论文章、分享生活点滴、做交流学习……可以说把这个“无用”之事都转化成了有用的价值。所以有用还是无用，全看你怎么用。

很多旁人看来的“无用”之事其实才是精神世界的奢侈品。有一对收入普通的老夫妻，每周都去买一束鲜花放在案头，在他们所处的环境中，这绝对是奢侈而无用的。可是这一小小的“无用”事，却让他们每天细嗅芬芳、欣赏美丽，愉悦心情，这难道不是最有价值的吗？还有位女画家，除了挥毫泼墨，最爱做的事儿就是听昆曲唱京戏，养花种草。她做这些没有什么功利用途，就是觉得甚为美好罢了。这些“无用”之事滋养了她的灵魂，让她一直保持着轻盈脱俗的气质，这是多么无价的啊！

对于很多事情，如果我们不去管“有用”还是“无用”，而只是因为喜欢就去做，那是多么美好随心啊！把时间浪费在美好的“无用”之事上，这也是身心的自由与通透。

不做不会怎样，做了很不一样

国庆节大家都出去玩了，我还窝在家读书备课。间隙看朋友圈都是各种旅游“新闻”，我就发了会儿呆，有些怀疑自己为什么会选择这样的生活。

恰好看到书中一句话：“不做不会怎样，做了很不一样。”

于是，释然，且感慨良多……

有天晚上，和女儿去超市，路过广场看到庞大的广场舞队伍，我跟女儿说：“这帮大爷大妈跳舞跳得真执着……”

说完这话，我忽然意识到我叫他们大爷大妈并不合适，因为舞蹈队伍中大部分人看上去并不比我大多少，甚至还有不少和我年龄相当或更年轻的人在其中。

我沉吟片刻，问女儿：“要是六年前我到北京时，选择在家待着，或者随便找个工作糊口，我今天是不是也在这个队伍里？”

女儿认真地看看我的脸说：“嗯，还真有可能。”

想想还真是的啊……

我和先生数年两地分居，各自为事业打拼。六年前，为了女儿来北京上学，我放弃了原有的工作生活，来到北京一家团聚，成为一名大龄北漂。

先生说："你这么多年奔波也辛苦了，接下来就在家照顾好孩子，我来养家就好了。"

如果那时我听从他的决定，可能就没有今天坐在这里写文章的气场女王了，只会多了一位过着庸常日子、等着看别人文章打打鸡血的庸常妇人。

从庸常妇人到气场女王，这个质变，只因为两个字：学习。从大龄北漂到气场女王，这个距离，其实只用了不到六年的时间。

当时的我，选择了一条从未走过的路：去上课去学习。我那时并不知道自己未来能做什么，只是期待通过学习的方式给自己一个熟悉新环境、适应新生活、认识新朋友的机会。

2012年初，我通过上课学习的方式选择了自己的事业。当时我已经39岁，到了大妈的年龄，没钱没背景没资源没平台，家里存款全部拢一拢也仅够勉强糊口一年半载的，我当时怎么就敢拿出三分之一去上课呢？而且根本不知道学完后能干吗。

可能我这人比较无畏。正是这种无畏，使我为自己的人生另开了一条蹊径。人近中年，做选择是个很重要的关口。这个时候，人生经验、资源人脉有了一定的积累，同时，思维模式、生活状态也逐渐稳定固化，精力体力开始走下坡路。这个人生关口，你若放手一搏，还有机会以最丰盛的状态奋起直追甚至反超；若对当下已经感觉满足，只想顺其自然不再作为，便有可能顺流直下，思想意识也迅速地与时代脱节。停止就是退步，像温水煮青蛙一样，你会不知不觉失去原来的资源。就算你警醒后想再搏一搏，恐怕都已是有心无力了。

现在回头想：我六年前刚来北京，新的资源一个都没有呢，旧的资源也会因为空间距离而逐渐疏远，倘若那时选择在家中过小日子，固步自封六年，我也是闲来无聊跳跳广场舞的大妈了吧？

而当时的我选择让自己在新的环境中开始新的学习，并在此后一直坚持不断学习，让自己和更多优秀的人在一起，接受更新的思维和信息。

我现在收获了自己以往不曾梦想过的新生活，收获了原来想都不敢想的物质和精神财富，我现在的精力、记忆力、反应能力、思辨能力都远胜年轻时的状态，甚至我比年轻时更自信更美丽。六年时间，因为我做了不一样的选择，因为我坚持去做，我让人生逆袭。

谁不渴望自己的人生逆袭？我看到很多人不是不想选择新的生活方式，不是不想学习成长，而是过了人生某个关键点，连选择的自由都没有了。

曾有人找到我："老师，学气场这么好，我真的想去北京学习，可我退休工资才那么点儿，还要照顾一家老小，真的走不出来啊！"遇到这样的情况，我只能安慰他："是的，先照顾好自己的生活，在条件允许的情况下，多听些优质的微课，多看些好书，多交些好友。"

我们现在的困扰源于我们旧的心智模式，你如果期待毫不改变就能够用旧的心智模式去改变老问题，那是不现实的。在可以选择的时候放弃选择，只会让自己逐渐适应现状，变得麻木，最后只能偷偷地羡慕别人的优秀，消耗尽自己所有的激情和力量，让自己的人生空留一声叹息。

可是选择学习之后人生就会立刻大不同吗？不一定。那要看你怎么坚持走下去，怎么持续你的选择。努力未必成功，可放弃注定失败。人生不是做生意，怎么可能都让你算好稳赚不赔呢？而很多机会，往往在你算计、犹豫的时候就溜走了，再也不会回头。

也有人在学习之后着急要结果："为何我的生活没有大的起色？为何你们都有那么大的收获？"

我说：你看到的只是别人收获后的结果，你没有看到别人经历的过程。

在我选择去上课学习的第一年，身边人说我傻，一把年纪还老天真，绝对被骗了，连我先生都偷偷问我是不是加入了什么不好的组织。第二年、第三年，身边陆续有人发现我学出了名堂，对我另眼相看了。第四年、第五年，朋友们开始期待我的新文章，开始以我为傲了，并向自己的新朋友介绍起我来。

未来呢？不管未来如何，我还要继续学习，继续成长，更加自信地走向更高的舞台。我的目标就是做个80岁还活跃在舞台上助人成长的美丽老太太！

我能清晰地看到那个未来的景象。

人生的事，就是这样。你不做不会怎样，做了，就真的很不一样！

“女爷”时代

中国传统文化千百年来一直推崇女人温柔顺从、隐忍付出，男为阳，女为阴，男为强，女为弱，男为大，女为小……这些定语已经让人习惯了。前些年也一直流行“学做会撒娇的小女人”，“驭夫36计”……仿佛只有示弱才能得到男人垂爱，不会撒娇的女人没有未来，总之，就是要让顶了半边天的女人们不要太“强大”。

不知从何时起，多少如花美眷开始自称“姐”、自封“爷”，并且成了一种趋之若鹜的时尚。也就是说，女人们连“姐”都嫌不过瘾，直接自封“爷”了。

万事一把双刃剑，“爷”岂是那么好当的？有多少荣耀尊崇就有多少义务责任。旧时男人称“爷”，那是要养活老婆孩子勇挑全家重担的，现在女人称“爷”，那也是靠自己扛风顶雨打拼来的。

有些女“爷”是外形上的，我们并不提倡。女人的形象优雅大气，这是对自己的尊重和珍爱，自己有价值，才值得别人尊重和珍爱；更多的女“爷”是内里的，内心强大，有着对自己的人生负责的自信和潇洒，这样的女人可以更自由地去追求自己想要的生活，可以让自己的人生有更多选择更多精彩，就算遇到变故波折，她也拥有强大的自己。

一部分自称“爷”的女人也有一份自嘲和落寞在其间。她们虽然活得潇洒自如，不拘泥于婚姻家庭的必然形式，自我成长和自我奋斗带来更多的身心自由；可又觉得什么都可以努力去争取，唯有感情不是努力就有结果的，这缺憾令人好无奈。

自称“爷”的女人们大多不为生计愁、不为柴米忧，可出差回家看到高档厨柜冷清蒙尘时，也总渴望有人为自己煮碗面；称“爷”的女人懒得鸡毛蒜皮家长里短，可潇洒得没人吵架拌嘴也是一种傲娇孤单冷；称“爷”的女人背起行囊走天下拎起酒瓶谁都不怕，累到趴下时也会想起自己从小的理想就是衣来伸手饭来张口有人养活有人宠。世事啊，都是有两面性的，你接受了绚丽多姿的这面，就得接受惨不忍睹的那面。

有媒体评说，现在大量“优质剩女”的存在是因为现在的中国男人变“弱”了。自从新中国成立以来，中国女人在地位上确实提高了，可实际承受的责任却更重了。女人在职场要和男人一样撑起半边天，家庭里作为妻子、母亲，承担着不可替代的责任，她们对自己的要求也随着时代的变化而日趋变高。当前很多中国女性不断学习进步，追求个人成长、自立自强，而很多男人却故步自封、自以为是，当女人找不到可以同行人生路的伴侣，感觉无可依靠无以托付时，就只有自己的人生自己负责，唯有自我强大，雌雄同体地面对人生了。还有一种情况就是夫妻成长不同步。有位老师说：“你不是要找个优秀的伴侣，而是要找一个可以使你变得优秀的伴侣。”这句话从表面理解，是要找一位可以帮助自己成长的伴侣。帮助自己成长一方面可以来自爱的助力，一方面还可能是被逼无奈、只能奋发自强的反助力。当一个家庭中丈夫能力太弱，女人承担起一家之主的责任时，家庭的序位被打破，往往也会出现一半是男人一半是女人的“女爷”。

万事有因果，“女爷”的产生也是这个时代的产物，是社会发展过程中的一个“果”，无所谓对与错、好与坏，“男爷”或“女爷”其实都是一种系统的失衡，男人女人在一起，唯有相对平等才有尊重和真爱。

有着魅力外在、强大内心的“女爷”其实是现代女性思想解放和身心成长的结果，她们身心自由、自立自强，不必依附在任何人身后，自己就可以发光发热发电，从而拥有更多的精彩与选择。只有当你自己万事富足的时候，你才有资格有能力拥有爱情、婚姻和你想要的人生，就算没有遇到，最起码也有真正喜欢的自己。

原来一切都是爱

一份理想的工作，最重要的是什么？

一份理想的工作，你最在乎的是什么？

一份理想的工作，可以让你得到些什么？

这是一个探索个人深层价值需求的练习，我在李中莹老师的课堂上做过好几次，每次的答案都有所不同。后来在别人的课堂上再度做这个练习，我觉得自己就是配合新同学走个过场。

同学问我第一个问题：“一份理想的工作，最重要的是什么？”

我答：“热爱！”——经过这么多年的学习经历，我终于明白，发自内心的热爱远远大于以前所追求的金钱、稳定等元素。

第二个问题：“一份理想的工作，你最在乎的是什么？”

我答：“价值！”——实现自我价值是最值得在乎的，这个答案我回答过很多次了。

哎——停！

我忽然有个念头冒出来：“我再想想……是……被爱！”

“被爱？！”

第一次冒出这样的念头，连我自己都有些发愣。

同学问我第三个问题：“一份理想的工作，可以让你得到什么？”

我回答：“爱，身份，尊重，帮助他人。”

提问的同学忽然说：“哎呀，对不起，你说的答案我忘了拿笔记下来了！”

我说：“不用，凭你记住的说出来就好，你能记住并能讲出来的，就是你的潜意识收到的。”

她复述：“热爱、被爱、爱……”

我灵光一现：“你的潜意识收到的是什么？”

同学望着我说：“爱。”

那一刻，已经大脑短路很久、不愿思考以至于整个春节假期都在打游戏、不想学习，上课几天了都不会写分享作业的我，忽然醍醐灌顶，一下子通透了。原来，一切都是为了爱。我人生最深层的价值需求是“爱”。这么多年来，我一直如此勤奋努力地学习、工作，一直告诫自己要更优秀，要争取更好的生活。我做气场帮助别人成长，会得到更多的认可与尊重，同时通过帮助他人来显示自己的重要性和影响力。今天才发现，这背后更深层的需求，原来是渴望被爱，我所做的一切都是为了获得更多的爱。

可是，我真的缺爱吗？当然不缺。

随着这几年的学习成长，我越来越感恩上天对我的眷顾。我拥有父母家人给我的骨肉之爱；有老公、女儿对我的包容依恋之爱；还有众多良师益友对我的支持提携之爱；我在舞台上闪亮，在事业上发光，拥有很多人都渴望的尊重、关注、认可、赞美……我为何还总觉得爱不够呢？

我发觉自己内心有一口“深井”，多少外来的爱都无法填补这份内在爱的匮乏，这口“深井”是由我的信念挖成的。

一个人的信念是在成长中逐步形成的，其中影响最大的当属自己的父母。小时候，我家姐弟三人，上面是漂亮的姐姐，下面是受宠的弟弟，我就是夹心饼干中间那层，虽然可口，却容易被忽略。从小我就认为爸爸妈妈给我的关注和疼爱相对少一些，于是渴望父母最重视、最宠爱我。

其实父母给每个孩子的爱都是全部，父母在用自己认为最好的方式爱着每一个孩子，这是学习之后才明白的道理。可在自己人生的很长一段时间里，我都认为父母给自己的爱不够多。这份爱的匮乏感在我内心就像一口深井，总在不断地渴望更多的爱来填补，深层的需求会外显为某些形式，比如取得更多的成绩，获得更多的尊重和赞誉……在这里面寻求被爱的感觉。它成了一股源源不断的动力，促使我更加努力勤奋，誓将证明自己是最优秀的那一个。

所以，每当我获得了荣誉，我会第一时间告诉爸妈，渴望他们认可我、夸奖我，以此提醒他们："我才是三个孩子里最优秀的！"我只要有能力，就会给父母买东西，抢着当家作主、承担责任，为的是证明我才是家里的顶梁柱；我抢着给妈妈摆酒席过生日，抢着带妈妈坐飞机旅行……妈妈对我的关怀无微不至，在我为事业奋斗的时期，她成为我最好的支持。我也明白：一切源于个人信念，可童年时期那份爱的匮乏感不知不觉已经深入潜意识，形成深层的价值需求，并成为源源不断的推动力，推动着我不断精进，因为只有证明自己有多优秀，才能获得更多的爱啊。

成长的创伤真是上帝赐予我们人生的礼物。

深层的价值需求往往被很多外在元素所掩盖，尤其是制定目标时，我们经常会把利益作为量化目标，以致我们误以为自己需求的就是多挣些钱、多买辆车、多获得荣誉……当我发现自己的深层需求是"爱"，我就忽然明白了"钱"和"爱"的关系。

钱，本无意义，所有的意义都是人赋予的。从物理角度看，钱就是印了特殊图案的纸。我也曾下海经商，那时候的目标就是挣钱，可我发现挣到钱并不开心，而且总伴随着委屈和抱怨："我受了那么多辛苦和委屈才挣到你。为了你我要看人脸色、出去应酬……”

李中莹老师有句话是这么说的：“辛苦挣来的钱就是不该挣的钱。”

不少人第一次听到这话，都觉得他“站着说话不腰疼，挣钱本该辛苦”。我们的信念里认定“钱”等同于“辛苦”，于是它呈现出来的意义就是“辛苦”。

而我自从创业后才发现，原来挣钱可以挣得很轻松满足、幸福快乐，因为钱已经在不知不觉间被赋予了新的意义：爱。当我收到酬劳时，我会说：“谢谢你对我的爱，我将倾力倾情回报。”这句发自肺腑的话非常真实地表达了我的感受。

我不敢也不能放松，唯有做得更好来回报信任我的人。尽管外来的爱很多很多，可内心的深井还没有真正被填平，因为多少外来的爱，都抵不住那一念之转，唯有自己的信念转变了，那口深井才会自然消失。

一个人唯有内心足够丰盛强大，才无需向外索求。接纳全然的自己，成为更好的自己，我自己成为爱的源头，爱的能量会源源不断而来；我自己成为爱的通道，更丰盛的能量也会源源不断向外流动。就像溪流河水要流向大海，同时大海又将转化能量滋养更大的系统。

带着这份觉知，我把自己的目标重新梳理了一遍。我忽然惊喜地发现：在我越来越清晰的人生目标中，钱，这个一直存在的元素，忽然不见了！可是我一点儿都没感觉到目标里因为没有了钱而变得空泛，反而感觉到丰盛富足。钱，作为爱的能量无处不在。

这就是说：做好了自己，钱，只是顺带的事。成为爱，爱，只会越来越多！

我的人生“潜规则”

我和17岁的女儿谈她的未来规划，我跟她分享我这么多年的感悟和心得，说着说着把自己说明白了——原来这不就是我的人生“潜规则”吗？

如果没有这些“潜规则”，我可能还是个困顿纠结的中年妇女，看不了多高，也想不了太远，在自己的框框里安于现状；如果没有这些“潜规则”，我可能还是那个满眼艳羡地仰望台上导师的普通学员，心有向往，却无力实现自己的梦想；如果没有这些“潜规则”，就没有如今身心自由喜悦的我，就没有我今天的事业，就没有这么多在我的帮助下得到气场的提升和改变而收获轻松幸福的人。

接下来分享的，是我跟我女儿掏心掏肺的真心话，也是让我小有成就的人生“潜规则”。

1. 选真爱

80岁学画成名的摩西奶奶说：做你喜欢的事，上帝会高兴地为你打开成功之门。

如果你这辈子真想做成点事，真想实现自己的梦想，请一定选择自己真正热爱的事去做。不要再被那些“过来人”的“务实”的信念左右，那个信念属于他的人生，并不一定适用于你。唯有真正发自内心的热爱，才可以有持续不断的原动力，才会激发你最大的天赋。如果你做的事不能让你想起来两眼发亮，说起来满脸放光，做起来手舞足蹈，走路时忍不住思考、睡觉时念念不忘，那还是不要去浪费时间了。

我以前没有这种感觉，总觉得尽心做一份工作，可以养家即可，哪有那么多道道。那时我都是在“工作”，只有尽职尽责，没有魂牵梦萦。所以做销售的时候，我不管挣多少钱也不觉得开心；做职业经理的时候，我工作尽责，但仍会时不时地觉得不胜其烦，找不到价值感。直到我做了气场之后，才体会到做自己热爱的事是多么幸福啊！

任何事业的发展，都会经历一个过程，会有积累期的寂寞、枯燥，上升期的瓶颈、压力，低谷期的沮丧、挫败，如果不是你心头的挚爱，你就会在这个过程中感到辛苦，容易放弃。

就气场教练这份工作来说，因为热爱，我在最寂寞的积淀时期依然保持一份兴奋与动力。我那时名不见经传、无人问津，可依然天天学习到深夜，对着自己的成果欣赏自嗨。我电脑里至今有几十个没见过天日的成果，都是我初期的学习积累，也正是因为这样的积淀，才让我能在机会来临时抓得住、hold得住。

因为热爱，我在这个舞台上总能感到自己“如有神助”。很多时候，我感觉自己像是上天的管道，专管智慧的输出，全身心地散发着自由、轻松与喜悦。

所以，做你喜欢的事，上帝会很高兴地为你打开成功之门。你真正热爱的事情，做起来真的很轻松，过程也会很享受。

让你热爱到幸福、自豪、敬畏的事，是你的人生使命，它将让你真正去实现自己的梦想！

2. 去行动

我们不是准备完美之后才出发的，而是在行动中走向完美的。

我辞掉金饭碗跨入一个新行业的时候已经39岁，比我年轻、比我漂亮、比我学历高、条件好的同行比比皆是，在每个领域都有不计其数的比我更早进入这个大门的资深学霸。可当我花费5年时间，像一匹黑马般闯出自己的一片天地时，才发现很多当年比我优秀的人已经退出了这个行业，才发现当年我的很多学长还在继续做学员。

为何会产生这种差距呢？因为他们一直认为自己不够好，一直都想准备得更充分再行动。

对待学问时严谨的求知态度固然可敬，但我的建议是：去行动！学无止境，同时要学以致用；教学相长，教才是最好的学。

李中莹老师说：学习知识要去应用，否则就学成了字典，甚至学成了垃圾桶。

最好的学习方式不是记笔记，也不是模仿照做、倒背如流，而是当老师传播和分享，在教学的过程中，你会有更透彻的领悟，这就是“教学相长”。

我经常对人说：“像傻子一样去学习，像疯子一样去行动、去分享、去传授，你才能把学到的知识转化成自己的智慧，才能在工作中有更多的动力，才会促使你更快地成长。”

可是很多人说：“哎呀，不行啊，我还差得远呢……”好吧，你的谦虚值得称赞，可是你不行动就永远不能真正成长。所以，别再心怀梦想却踌躇不前了，不要再拿自己不够完美作为畏惧逃避的借口了，去行动，去勇敢地行动！

真正的成长就是勇敢地迈出一步，再迈出一步……一步一步走下去，你才会越来越接近完美。

3. 走直线

走直线必须懂得聚焦与舍弃。

现代社会，机会随处可见。乱花渐欲迷人眼时，你一定要先弄明白：

你是谁？

你从哪里来？

你要到哪里去？

你要成为什么样的人，决定了你要去到哪里。

最好最快抵达梦想的，一定是直线。要走直线，一定要聚焦。钉子有了尖，才可以又稳又深地钉进目标。而最难的，是在聚焦的同时，要删减很多本来已经拥有的利益，拒绝很多触手可及的利益。加法容易，减法难。舍弃自己辛苦打拼来的东西，就像割自己的肉，动哪块都疼。

今天的我，可以做的真的很多，可是我选择我自己真心热爱的。

有些诱惑看上去那么美，甚至别人都说比你自己拥有的更美；有些利益就摆在你的眼前，伸出手就可以触摸，比你自己追求的价值更直接更快速。可一旦你要了，你就偏离了自己的方向，可能再也走不回来了，而你的人生，将是另外一个样子。

也可能你真正走进那些看上去很美的圈子，才发现自己只是个局外人，因为那本来就是别人的梦想，你只是陪衬。当你再回到自己的道路上时，才发现因为偏离方向而浪费了时间，并且不知不觉中失去了很多。

乔布斯的人生格言是：保持饥饿，保持愚钝。这两句话讲的是做人要懂得克制欲望，不忘初心。人生路上，我们总会遇到不同的风景和不同的人，有人邀请你和他同行去看别样的风景，请保持一份欣赏，送去一份祝福，然后继续走自己的路吧。

也许你现在的道路没有那么宽，没有那么多绚丽花朵和热闹繁华，甚至眼前还有坎坷颠簸，但你要知道，这条路是你的，这条路让你清楚——

我是谁？

我从哪里来？

我要到哪里去？

这就是我的人生“潜规则”，看上去很鸡汤，实则是真正的领悟。大道至简，人生的事其实很简单，聪明人看到太多机会就想拥有更多，结果走了弯路还不知要去哪里，最后才发现，傻傻的笨人只是心无旁骛地走最简单的直路，反而更快地接近自己的梦想。

守住自己的界限

人与人之间的无形界限在哪里？

你会尊重别人的界限吗？

你守得住自己的界限吗？

曾有个笑话，说这个世界最不缺的就是“良心”。因为无论你问谁“你有良心吗”，对方保准都会拍着胸脯说：“我当然有良心。”说完顺带白你一眼。

如果你问：“你有界限吗？”就算很多人可能不太明白“界限”到底是什么，肯定也会回答你：“当然，我当然有界限。”

可是，这个界限的边界到底在哪里呢？这是由每个人不同的信念系统决定的。

人总是在不自知的情况下去超越界限。

小时候，家里来了农村亲戚，推门而入，大喇喇地坐到床上开始拉家常，鞋上的泥都蹭到了床脚上，你分明看到妈妈在皱眉头，可亲戚却浑然不觉自己已经超越了主人的界限。

十几岁的时候，你开始拥有自己的小秘密，偷偷写了日记锁在抽屉里。有一天抽屉被妈妈打开，她一手拿日记一手拎着笤帚在等着你：“你才多大？竟然背着爸妈早恋？”

你红着脸抗议：“你凭什么偷看我的日记？”

妈妈一巴掌拍过来：“我偷看？什么是你的？连你都是我的！”你挨了一巴掌，从此知道，原来你在爸妈心目中没有界限。

再后来我们长大工作了，总有热心的阿姨或大姐前后撵着你：“为什么没结婚啊？想找个什么样的？”

你脸上应付着，心里却很不耐烦，心想：你操哪门子心呢？

你觉得她侵犯了你的界限。

结婚了，你要求老公工资卡上交、行踪报备，因为你觉得既然嫁给了他，他就该养你，他在你这里就该毫无秘密。

你很好奇：界限？既然夫妻是“我中有你，你中有我”，他就是我的，“我们”之间怎么会有界限呢？

然而，人与人之间之所以有界限，是因为人与人的信念、价值观的不同。

界限之内的疆域就是每个人的信念系统——他认为事情是这样的，这样做有什么好处，应该怎样去做。

一个人信念系统的形成与他的生长环境和生长过程有关，这个世界上没有两片相同的树叶，更没有信念完全一样的两个人，即便你们是相亲相爱的夫妻或恋人，甚至骨肉相连的父母子女。而我们最容易以爱为名超越界限却不自知，用自己以为的“好”去操控他人。

所以，我们听说过那个著名的笑话：小学门口两个孩子聊天，一个说：“我们都穿单衣，你却穿羽绒服，你不热吗？”

穿羽绒服的孩子说：“你不知道有种冷叫‘你妈觉得你冷’吗？”

当自己“爱”心泛滥时，便极易超越界限而不自知。

老子在《道德经》中说：“知人者智，自知者明。”意思是说：了解他人的人固然智慧，而真正能了解自己才是最大的英明。可见，能够清楚地看清自己是多么难，而“自知”无疑是我们一生修行的方向。

其实在传统文化中，对“界限”有很多诠释。比如“佛度有缘人”，即指如佛祖般慈悲无边，也只度有意愿被度的有缘人。比如“医不叩门”，指的是医生即便可以洞悉病症，也不能主动去敲病人的家门说：“你有病，我来给你治治吧！”

虽然我们当笑话来讲，可是我们没做过类似的事情吗？

比如，我们可能会跟闺密支招：你对老公太放任了，要管严点才行！或者：你们这样教育孩子哪行啊？这会给孩子造成多大的心理创伤啊？甚至：我觉得你一直很焦虑，到底有什么心事，说出来看我能不能帮到你？

有没有觉得这些话很熟悉？也许你会一脸懵懂：“这也是超越界限吗？我是为他/她好啊！”

是的，超越界限而不自知的人几乎都有件爱心外衣——我是为你好，其实这是以爱为名的操控。

我学了婚姻情感指导后，每每看到身边亲人朋友有问题，便恨不得立刻大展身手为他们拨开迷雾，指点迷津。

2015年，我追随李中莹老师学习，我铆足了劲学知识学技术来了。没想到李老师却一直跟我们强调导师的修为和准则：“谦卑，中正，三空”以及“尊重界限”。

这几个词，看得到、认得清、读得好、写得出，但李老师从多方面多层次给我们讲解其中的意义，让我们从他的言行修为中体会到这几个词的深层含义。我把这几个字记在笔记本上，深以为自己已经“知道”并能做到。

有一天，我在课堂上向李老师提问：“您反复告诫我们要守好界限，可是当我看到自己的亲人朋友有了问题却浑然不觉，难道我要眼睁睁地看着他们继续走向更严重的境地？”

李老师听后变得严肃起来：“你以为你是谁啊？你是老师就比别人高明吗？你是朋友就可以跑到人家卧室去管人家私事吗？不管他是你什么人，他有这个意愿吗？你知道他想要什么吗？你有这个能力吗？他根本没有向你求助，对你怀有信任吗？你知道他的系统之中有什么事发生？你代别人做决定时，你能知道未来会发生什么？你尊重他的界限了吗？你守住自己的界限了吗？”

当头棒喝，醍醐灌顶。

此时此刻，我才真正开始明白“界限”这两个字的深意：尊重别人的界限，守住自己的界限，有时只能“眼睁睁”看着。

我们看到的所谓“问题”，其实都是站在自己的角度看到的主观“表象”，如同肉眼凡胎看人总有尊卑贵贱之分，而在佛祖眼中众生平等，所以我们在自身的层面是不可能把他人的层面看得更清晰的。我们并不知道在他的系统的更高层面曾经发生过什么，更无法把控未来会发生什么。或许我们以为有人很辛苦，其实我们不懂这份辛苦对于他的价值和意义，或许以后放眼他的整个人生，才发现我们所看到的这个问题，恰好是他成长的台阶。所有的“人法”都须顺应“天法”，才会更轻松快乐、成功满足。

一切发生都有原因，一切存在皆为合理，一切自有最好的安排。

只有当一个人怀揣求助愿望寻求你的帮助的时候，只有在你也有意愿和能力去帮助他的时候，你们才能彼此成就。

如果他没有这个意愿，甚至他并不觉得自己的生活有问题，那就是机缘未到，你没有资格去指点他的人生。

守住自己的界限，尊重他人的界限，并不是要你冷眼旁观、无动于衷，而是顺应天法，这才是最大的“爱”。

“界限”，简简单单两个字，却可能是我们一生的修行过程。把它作为我们人生修行的方向吧，我们都在修行的路上……

绿萝与石佛

——缘起——

家中案头有尊石佛。

案旁有一大盆绿萝。

绿萝与石佛相距两尺有余，原本多为向上生长的绿萝，不经意有一支斜旁而出，越来越长，似乎有意伸向石佛。

除夕夜，绿萝枝桠悄悄爬上佛的肩头，一枚新叶轻弯上翘，仿佛趴在佛的耳畔轻语。

而石佛，面露微笑……

万物生长，都有自己的方向，

万物有灵，都有自己的能量场。

向佛而生的绿萝，触动了我内心最美好最柔软的部分……

——对话——

绿萝与石佛

石佛：

我，一直在这里

不来不去，不悲不喜

绿萝：

我，也一直在这里

枝叶婆娑，只为与你相遇

没有人知道

我们曾在前世相许

要有今世的一遇

今生

你是石佛

我是绿萝

我们是不同的存在

看似比邻而居

却又相望无期

绿萝：

让我努力生长

向着你的方向

舒展枝条，放低身段

在每一个春意萌动的夜晚

舒展一片绿叶，接近你

再舒展一片绿叶，更加靠近你

我渴望有一天

能够长到你的身旁

用所有的藤蔓和绿叶——

那是累世我写给你的情书啊

将你

全然包围在我深深的爱里

生长，生长

在一个静寂的春夜

我新生的嫩叶触碰到你的肩膀

这一刻

忽然情怯

我怕自己蓬勃爆发的爱

一下子

包围了你、束缚了你、吓怕了你

于是

新叶轻轻悄悄地

一弯——

趴在你的耳畔

石佛

微笑

不语

没有人听懂我们的话语

没有人知道我们的约定

深爱

何妨留一点距离

——题后——

做些无用的无为事，享受无目的的美好生活。

我好久不写诗了，这首由感而发的小诗，文笔好不好暂且另论，真情总有几分触动。

现代社会快速而浮躁，大家都无暇顾及读书写诗这些“无用”之事；都在为目标而积极奋斗，谁还敢“无为”？

而恰恰是这些“无用”“无为”之事，却总能唤醒我们内心最最质朴的感动，让我们感受到无目的的美好生活。

感谢这段时间由于身体的原因，让我的身心都慢下来，感受到万物有灵的能量场，感受身在其中悠游自在的全息世界。

慢下来

听一听花开的声音

停一停

等一等我们的灵魂

第五章

不一样的气场：活成闪闪发光的自己

当我正在黑暗中摸索着寻找光明，
它恰好为我推开一扇窗；
当我正迷茫无助，
它恰好打开我的心灵密码。
六年光阴，
它赋予我成长的喜悦、生命的价值。

我就是气场女王

在我看来，气场可以修炼，可以提升，每个人都可以成为自己的气场女王。

说起气场女王，首先应该是美女吧？可“美女”一词早就泛滥，在大街上喊一声“美女”，回眸顾盼者各个年龄阶层都有。

然而，在我小的时候，“美女”这个词儿基本等同于“仙女”，长相属于好看水平的都不敢应承，更何况我这种自小就出了名的丑丫头了。

话说我从小长得那个丑啊……

每当我痛说革命家史的时候，总有人瞪圆了眼睛打量我半天：“不会吧？看不出啊！”

老实说，俺们现在也勉强只算是中人之姿，但因为“美女”一词泛滥通用，所以也大致泛化进这个圈了。在大多数人眼里，我虽算不上真正的美女，可要说“丑”好像也有点过谦。

可我小时候真是长得丑，据我妈描述，我生下来就是一个黑胖子，长到三两岁仍是一个黑胖子，塌鼻梁撅嘴巴。北方的冬天寒风凛冽，我的脸蛋上总是一道又一道紫红色的皴痕，穿着土里土气的花棉袄，挺着小肚子傻乎乎地往大门口一站，人送外号：“妇女队长”，意思是说我像老电影里傻大憨粗的妇女队长。

亲戚邻居还经常逗我，说得了天花毁了容的讨饭女人才是我亲妈，因为我和她一样丑，以至于我小时候经常吓得瑟瑟发抖，怕被丑八怪“亲妈”带走。所以，我从小就觉得“唯有长得美，才有一条生路”。

在“丑”的标签下长大的我，从小就很自卑，到哪里都觉得没有人会喜欢我，如果有人多看我一眼，我一定觉得那是因为我长得丑的缘故，所以一直到我20多岁做了电视台主持人，虽然站在舞台上时总是自信满满的工作状态，但一下了舞台，我又变回那个爱溜墙角走路的我。在人群中，我本能地觉得大家不喜欢我，笑话我，因为我又丑又笨。

后来学了心理学，我才明白，这就是成长创伤。所以，奉劝各位父母，千万别拿那些伤人的话来逗孩子，大人们觉得是玩笑，可对于孩子来说有可能成为影响一生的创伤啊……

接着痛说成长史——我好不容易长到十几岁上中学，个子抽条了，也爱打扮了，穿上连衣裙站在镜子前，也开始幻想自己是公主了。80年代末的中学时期，下了晚自习，学校门口会出现一群“小流氓”——其实就是一群辍学的无业小青年，专门站在学校门口找漂亮女生搭讪，一旦瞄准目标，就会骑着自行车跟上去搭话，女孩们惊恐躲闪、尖叫哭泣。可第二天上学时，女生堆里说起被“小流氓”骚扰搭讪，却明显有一种攀比炫耀的意味，因为只有漂亮女生才会被骚扰啊。

讲到这里，一定很多人想问：“那你呢？”

哈哈，我当初要是也这样“被骚扰”，就不会把这场景观察叙述得这么清楚了，因为我一直只有当观众的份儿，只能听到那些欲盖弥彰的娇呼：“哎呀，吓死我了，那些人天天在学校门口堵着我，怎么办啊？”

每当这个时候，我都只能面无表情地冷哼一声，一身正气加满心落寞地飘过……

终于有一天，我穿上了一条刚做好的花连衣裙——这是背着我爸爸特意让裁缝缝制的，非常合身。我终于从自己青春期的身体看到了动人的曲线。

穿着花裙子的我美滋滋地从学校门口走过，忽然肩膀被人从后面拍了一下，一回头，正是传说中的“小流氓”，我顿时愣住，连在心里预演了N次的尖叫都忘了。

没想到“小流氓”看见我的脸后，竟然叹口气：“唉，从后面看条真顺，就是盘不亮啊！”（这是句“流氓”黑话，“条”是指身材，“盘”说的是脸。）

我这才反应过来，羞愤交加地大喊一声抱头逃跑，青春期唯一一次“被骚扰”的经历就这样草草收场。

人说女大十八变，女孩子到18岁以后总会变漂亮了吧？

唉，18岁上大学，对自己心灰意冷的我，干脆破罐子破摔，没心没肺地把自己吃成140多斤的大胖子，在大学同学的记忆中，我就是一个左手油饼右手面包的傻胖妞。

有一年冬天特别冷，我因为感冒躲在宿舍睡觉而旷课，被教务处主任叫到办公室训话。

我裹着棉大衣瓮声瓮气地跟主任说：“我重感冒了，实在下不了床……”

比我还胖的教务处主任哈哈大笑：“哈哈，就你这身板还会感冒？”

正说着，我们的班花如弱柳扶风一样进来了：“主任，我跟您请个假，我感冒了……”

主任马上关切地说：“哦，听声音就知道感冒挺严重，赶紧回去休息吧……”

那一刻，我恨不得直接昏倒在教务处来以死明志——胖子也会感冒的！

后来，系里组织全班学生去神农架写生。那时候穷学生都是挤绿皮火车，拼了老命挤上去抢座位。我扛着大背包和画夹，费了九牛二虎之力终于挤进车厢，看到班里几位男生已经抢先一步有了座位，他们见了我，完全熟视无睹，这倒也罢了，我对你们也不感兴趣。可扎心的是，这时班花也娇娇怯怯地进车厢了，只见“唰”地一下站起来好几位男生：“快坐快坐快坐……”

亲爱的大学男同学，我今生不打算原谅你们了，哈哈。

写到这里，连我自己都怀疑，我是怎么在这重重打击之下活下来的呢？

也许你会说：“恋爱了就变漂亮了吧？”

变没变漂亮我无法印证，因为那段时间也没别人夸过我。我老公是第一个正式追求我的男人，从小受够忽略冷遇的我，忽然遇到把我当宝贝来呵护重视的男人，那一定就是他了，我必须终生回报这份知遇之情啊。

现在看来，我老公真是有眼光有品位啊！简直挖了块钻石原石回家！

我那时究竟有没有变好看些呢？以事实说话。

话说前两年我回娘家，翻出自己年轻时的照片，精挑细选了几张翻拍到手机里，回家偷偷给女儿看。

女儿看到这些照片，一副不可置信的表情，拿着手机睁大眼睛对着我的脸对照数次，然后小声问我：“妈，你老实告诉我，你后来整容了吗？”

我：“对天发誓，我没有！”

女儿：“那，我爸见过你以前这些照片吗？”

我：“当然见过，我俩那时候已经谈恋爱了……”

女儿意味深长地拍拍我的肩：“妈，我爸对你——绝对是真爱！”

我瞪着她：“什么意思？”

她摇着头说：“我一直觉得你长这样，我爸长那样，你怎么会看上我爸，现在我才明白，原来是我爸当初发善心收留了你……”

看到这里，估计大家伙儿终于叹口气：“好吧，算你赢了，这是真的丑啊……可关键是，你是怎么咸鱼翻身变成今天的气场女王的呢？”

好，我就不兜圈子了，给大家分享一下我的心得体会。

1. 多读书多学习

腹有诗书气自华，读书多了，自然会浸染一种不俗的书香气质，会有因为经常思考而沉静的明眸，会有智慧洗涤出的自信，有出口成章的洒脱。这气质在年少轻狂时不容易显现，却可以因岁月的发酵而散发出醉人的味道。

漂亮女孩可能早早就受人追捧，无人问津的丑女孩这时候正利用大把时间去读书学习。然后一路心无旁骛地求学上进，在书香中熏陶自己，在优质的平台遇到一些优质的人，不断与更优秀的人同行，从而使自己修炼得更加优秀更有魅力。

学习可以让我们不断地更新自己的内在系统，优化自己的外在形象，在人生的不同时期焕发出新的价值。这种美是与时俱进的，是有底气的。

归根到底，读书学习能为你提供源源不断的底气，这就是你最强有力的气场。

2. 多阅历多体验

读万卷书，行万里路，阅人无数，这是一个人提升气场最好的途径。

气场，藏着你走过的路，读过的书，做过的事，交往过的人……这是阅历给你的能量记录，是最真实也是无法隐藏的。

我们可以从一个人的长相、着装、言谈、举止、气质等方面判断他是个什么样的人，有着怎样的经济水平，受过何等教育，从事什么样的工作，这都是一个人的阅历和环境带给他的影响。

女人必须多去看世界，多去经历和体验，才能把学到的知识技能转化成自己的智慧，心胸和视野的开阔成正比，魅力和自信的增长成正比。

人到中年，再去参加同学聚会的时候，你会发现，当年看上去都差不多的皮小子、傻女孩，在多年之后出现了很大的差别。差距并不一定是外在的，更多的是内在差异造成的气场的不同。

阅历多、见识广的人往往更加低调谦和，因为他见过太多优秀的人，懂得天外有天、学无止境的道理，他总能保持对世界的好奇心和进取心，并因此而显得更年轻、活跃、积极、有魅力。

3.爱自己、做自己

如果你拥有一件珍爱的宝贝，你会怎样对待它？

一定会用精美的包装细心包裹，捧在手心仔细擦拭保养，绝不会随意放在杂乱污秽的环境中，甚至会用最动人的语言去赞美它……因为你认为它有价值，值得你如此珍爱。

那么，你，是自己最珍爱的宝贝吗？

如果你真的爱自己，就不会放弃自己——不管是外在还是内在，你会给自己充电、呵护、优化、保养。

每个女人都是不同的花朵，了解自己的优势，扬长避短，确定好自己的风格，自信地做自己，穿对比穿美更重要，得体比时尚更重要。

我能从一个丑丫头自力更生修炼成气场女王，你也一定可以。

30岁之前的容貌是父母给的，30岁之后的容貌是自己修来的。

我们不仅要美丽的外表，我们更要灵魂的化妆！

我们不仅要智慧的内在，还要表达智慧的能力！

我们不仅要幸福的呵护，还要活出自我的价值！

我们知道，只有丰盈的灵魂，强大的内心，智慧的头脑，才会有与众不同的精气神，才能由内至外散发出魅力，内心自在，嘴角上扬！

气场？气质？气势？

说到气场，很多人不解。

有人问："气场？气功吗？发个功看看？"

嘁——不与夏虫语冰。

有人说："气场？就是教女人穿衣打扮提升气质嘛！"

您这么说，让我们这么多的气场男同学情何以堪？

有人说："气场？就是很霸气很强势嘛！"

有位女企业家要来上气场课程，她老公大怒："你还要去学气场？！你气场够强了好不好！每天你只要一进家门，高跟鞋哒哒哒一响，咱家的狗吓得都不敢乱跑……你都这样了，还要再去学气场？！"

这位兄台：您以为我们气场课程是培养绿林好汉的啊？

大家都在说气场，也都想拥有气场，可大部分人并不清楚到底何为气场，更分不清气场、气质、气势的区别。我们今天必须以正视听——

1. 气场不是气质

"度娘"说："气质（Temperament）是表现在心理活动的强度、速度、灵活性与指向性等方面的一种稳定的心理特征。"气质是人所具有的一种特质，先天遗传加后天学习、熏陶形成，可以给他人带来一种感觉。

气场则是人体的能量场，源于人的思想、信念，通过语言、行为等表现载体呈现，并对周围的人、事、物和环境产生的一种影响力。

所以简单地说，气质更多关注的是自己的事，而气场研究的是我和周围人事物的关系。

气场是一个人自身的能量场与相关人事物、环境的能量场的相互作用。

气场包含气质，气场强大会使一个人的气质发挥出更大的影响力。

举个落地的例子：如果你去和一群朋友见面，气质课程告诉你要怎样穿怎样做怎样说话才能凸显你的风姿特质；而气场课程则告诉你怎样穿怎样做怎样说话怎样的心态才能在这个群体中和谐相处、有效发挥出你应有的影响力。

2.气场不是气势

气势是由内心的信念主导，呈现在语言、行为上的一种态势。

人们很容易误认为，气势强大就是气场强大。

然而，气势只是气场的一种表现形式。单纯的气势张扬、霸气、强大，可能会让人产生距离感和排斥力，会让能量弱的人望而生畏，甚至心生逆反。

气势作为气场的一种表现形式，只有符合身份、环境、对象的需要，气势强大才能真正起到正向影响力。

而气场人人有之，只是因时间、环境的不同，有强有弱，有正有负。气场可以提升，气场可以改变。每个人都渴望自己拥有强大而正能量的气场。负能量气场越强大，越会有强烈的排斥力，一如我们看到希特勒的图片或影像，他气势汹汹、霸气嚣张，指挥纳粹军队一呼百应。气势够不够强？气场够不够大？都足够！可我们看到后本能的感觉紧张、不安，想离他远一些才觉得安全。因为他身上就是强大的负能量气场，显示出来的往往是气势的张扬。

而强大的正能量气场，则是磁石般的吸引力，让人深受吸引、愿意追随在他身边。就像我们看见德兰修女这样的人，她虽身材矮小其貌不扬，我们却感觉温暖安全有力量，因为他们是真正有内在力量的人，内心平和喜悦，更无须外在的强势来保护内在的虚弱，他只会如《道德经》所云：“上善若水，水善利万物而不争。”

真正气场强大的人一定是天人合一、道法自然的，因为唯有自身的能量场能顺应大道规律、与周围的人和事物的能量场相融相生，它的能量场才能够海纳百川、通畅共生。

气场包含气质和气势，气场课程会更加彰显一个人的气质，同时优化一个人的气势。

当我们清楚了气场、气质、气势的区别与联系后，当我们明白真正的强大气场可以通过学习来提升和改变的时候，你，是否愿意和我们一起探索气场的秘密，让气场的改变为你带来不一样的未来呢？

活色生香、斗志昂扬

四五岁的时候，我就开始思考人生。我追着奶奶问：“人到几岁是最大的岁？”

奶奶正在跟邻居打麻将，敷衍我一句：“30岁。”

我顺带观察了一下身边的婶婶大妈阿姨，以及家长里短柴米油盐面色浮肿的，更觉得人尤其是女人，活到30岁就没啥新鲜盼头了。

后来遇见邻居夫妻打架，男人有点傻，被老婆骂急了，便恶狠狠回击道：“我就不离婚！我拖到你40多岁黄脸婆的时候，再嘎嘣跳楼，让你要人没人，要钱没钱，拖着孩子嫁不出去！”

当时我听得毛骨悚然，女人四十豆腐渣，到了中年一定了无生趣。

却不曾想到，自己在39岁“高龄”时以无业北漂中年妇女的身份，一头扎进培训界，跟一群水灵灵的小姑娘抢饭吃，怀揣着背水一战的心情，心想着要么成功要么成渣。

而后，我战战兢兢不情不愿地迈入了不惑之年。生日那天，我吹熄蛋糕上的蜡烛，落寞地一声叹息，打算秒变豆腐渣。然而，还没来得及细细品味豆腐渣的感觉，第二天就继续开启工作疯忙的模式了。忙着忙着，就把气场忙出来了；忙着忙着，就把中年妇女这茬忘了，现在是越活越有劲头了，感觉顺带年龄也往回抽抽了，每天除了忙气场，就剩下跟闺女逗乐，跟老公撒娇了。再然后就是没事买个衣服订束花，三天打鱼两天晒网地练瑜伽，偶尔发狠减个肥什么的，同时也没耽误抱着手机一边跟朋友闲聊天，一边接工作、谈合作，最近还受邀参加了时装发布会……哎呀，真真变得活色生香、斗志昂扬，哪里有你们说的什么干枯、庸俗、抱怨、刻薄啊。

好了，话不多说，来碗鸡汤吧！跟大家聊聊如何成为活色生香、斗志昂扬的中年气场女。

1.如何活色生香?

对镜贴花黄，常去健身房，喝茶插花之类各种精致的生活方式我就不赘言了，爱自己是活色生香的基础，而最重要的前提是——要让自己活在聚光灯下。

不是所有人都能成为明星，这个聚光灯可以是自己心目中的聚光灯。你要告诉自己：我就是大明星！随时都有人在关注我，随时都可能在转角遇到梦中情人、铁杆粉丝或大客户。这样就相当于给自己绷了根隐形的弦，不会太过放松对自己形象和言行的要求。

你还别说，这个观点其实中国自古就有，现在的成功人士都喜欢用这俩字——慎独。简单地说，就是一个人在公众环境下保持形象修养并不难，难的是自己一个人独处时也要谨言慎行。

有人说："这多累啊？"是的，上坡路都不好走，下坡路哧溜就滑下去了。人到中年，整个身体就是在跟地心引力做斗争，你想彻底松懈，它就会把你拉到地面，让你低到尘埃里。

我有今天的活色生香，那都是摸爬滚打摔出来的。刚开始做气场的时候，我要么奔波在各个城市，要么就宅在家里不洗脸不梳头全然放松着。

有一阵宅在家里几天没洗脸没出门，中午忽然接到大客户电话需要去面谈，便赶紧精心打扮一番，最后以一副时尚干练的职业形象出门了。

坐上出租车，司机向我搭话：“一看您就是自己做老板的吧？”

我矜持回应：“哦，何以见得？”

司机说：“睡到这个点才起床出门，肯定不是打工的！”

原来，他一眼就看出我精致妆容下浮肿的脸，还有缺乏与外界互动的呆滞的眼神出卖了我。所以，服装再讲究有个什么用呢？

还有一次，我到一栋高端的写字楼办事。刚到电梯口，鞋带松了，我穿着大衣高跟鞋一路赶来真的很累，实在不想走太远找沙发坐下来系鞋带，四顾无人，便懒省事地一脚跷到垃圾桶上，这时只听背后一声惊呼：“王老师？！”

我回头一看：啊呀，我的大客户啊，我每月为她一对一的训练，专教她在重要场合如何体现自己的高贵形象和不凡气场，结果被她撞见我跷脚在垃圾桶上系鞋带。后来……计划一年的训练只做了半年。

为参加活动才临时敷面膜和每天敷面膜的皮肤是不一样的，规律品质生活养成的习惯和临时抱佛脚的摆拍动作是不一样的，在书香中长大和看八卦新闻的女人气质谈吐是不一样的……

女人到了中年，相貌是你凝固了的表情，言行体现了你的修养和内涵，你走过的路，读过的书，做过的事，动过的念，都写在你的气场里，不用粉饰，也粉饰不了。

所以，想要一直活色生香，就要想象自己活在聚光灯下，所有言行都是有目共睹，让自己保持美好——只为活得更美好。

我猜仍会有人说：“可是确实太麻烦，太累了啊！”可是，等到你放松之后被干枯臃肿找上，那可就更麻烦了。

2.斗志昂扬。

我这里所说的“斗志昂扬”，指的是积极向上的生活态度。人到中年，生理状态开始自然衰退，可精神不能倒，得活个生机勃勃、积极向上的劲儿。

那么问题来了，如何保持这个劲儿呢？学习啊！唯有不断学习，才会让你的精神世界永远和时代发展同步，才会以发展的眼光不断发现新的目标。人生有了切实可行的目标，才会保持着那种斗志昂扬的劲儿。

我们现在的纠结困惑是旧的思维模式和行为模式造成的，怎能期待用无效的旧药治愈旧病呢？我们只有不断地学习，突破自己的固有认知，建立新的思维模式，用新方法去解决旧问题。手机系统要定期更新，持续学习就如同定期给我们的身心系统更新，让我们由内至外保持与时代同步。

女人的苍老并不一定是容颜上的，更多是观念的落后和内心的陈旧。

学习可以让我们成为有价值的人。

我认识好多资质优秀的女士，有才有貌有钱有时间。但是优越生活过得太随心了反而毫无目标，不想读书，不愿学新技能，同时又觉得生活无趣。

我只好直言：多学一样技能就可增添一点新乐趣，真的不嫌多的。女人到了中年，红颜已退的自然规律确是事实，但我们至少可以做一个对他人有价值的人。

做个有趣的人，也能给予他人价值；会好好做饭让家人享受，是你能给家人提供的价值；爱读书爱分享，写篇优质好文发朋友圈也是你能提供给他人的价值；与人分享你的快乐也是你能给予别人的价值。

人是被需要才有价值，能为他人提供价值也会让我们感受到自我价值，从而总有股生生不息的劲儿。

人活的是什么？就是精神气啊！这股精神气就是女人的气场！

今天我写活色生香、斗志昂扬的中年气场女，未来我要活成80岁还在舞台上闪闪发光的老太太，因为我要一直保有气场。

美貌不是女人的王牌

1

林青霞离婚了。

大家看到新闻不禁感慨："这男人都把绝代佳人娶回家了，还不知足？"

类似事件也发生在如张雨绮、佟丽娅、董璇等知名大美女们身上……

奥黛丽·赫本说："你的外貌决定了他和你在一起，你的内在决定了他和你在一起有多久。"

女人的外貌固然重要，但并不是最重要的。

如果连林青霞、佟丽娅这些貌若天仙的佳人们都会感情受挫、遭遇背叛，连玛丽莲·梦露也不能在感情上心想事成，就说明：女人的美貌并不是人生必胜的王牌。

2

古话说："自古红颜多薄命"，命运薄厚不在颜值吧？

如果你非要拿美丽红颜当作自己人生王牌，那大多会失望，空自嗟叹

“薄命”。

红颜其实是最不可靠的，无论你千般维护，它总是会随着时间流逝而走下坡路。

停留在视觉的美丽非常脆弱，一是：距离产生美的光环效应，而人是需要在一起相处的；二是：喜新厌旧是人的本性，要不我们干吗喜欢不停地要买新衣服、看新电影？

那些只为了女人的美貌而花尽心思追求的男人，也注定会变心。

因为追逐美貌，在到手那一刻的兴奋感达到巅峰，接下来必定因审美疲劳而走向无趣。

就像我们千方百计要买一件贵不可言的奢侈品，很多时候只是因为求而不得而产生的臆想光环，到手还是为了用，而奢侈品和普通物品的本质真的差别不大，最终陪伴我们长久的还是因为品质优良、感觉舒服、就算时代变更也历久弥新的物品。

不信你看看自己，最常穿的衣服往往不是那件最美最贵的，但一定是让你感觉最舒服的；你用得最久的餐具，也一定不是那些美丽高贵只能摆在高处看的脆弱物件，一定是用着最顺手的实用物品。

3

一个男人爱一个女人，要和她共度人生，绝不会仅仅只因为她的美貌，肯定还包括类似性格温柔、待人包容、品位不俗、沟通顺畅等内在，这些共同组成“值得爱”的你。

不知你发现没有？在这诸多“值得爱”的元素中，除了外貌是会因时间流逝而减分之外，其他元素都可以通过学习和时间的积累来加分的。

女人们，我们追求外在的美丽，是因为那是我们整体的一部分，就像好书需要有好封面；可一本书不能仅有漂亮的封面，如果忽略了内在品质的提升和更新，你这本书也会因为空洞乏味而很快被弃若敝屣。

4

苹果手机很多人喜欢，还要每年推出新款，为的是满足人们喜新厌旧的本性，这说明谁想凭外貌一直获长久之爱那都是做梦！

就算有人不太在意手机款式新旧，手机软件也要时常更新，否则就无法与时代同步，这说明内在品质再好也不可能一劳永逸。

手机尚且如此，更何况人乎？

你的外形需要维护美化，你的内在更需要学习成长，否则那不是连手机都不如？

这个世界永远不变的是永远在变。

人变是正常，你不变还要求别人对你的态度不变，那才是不正常！

5

女人不断学习成长也好，内外兼修也好，记得都是为自己！

我们做这些不是为了某些标准而取悦他人，而是为了自己能活成独立自由、本自具足的1。

有朋友留言——

现在不少女人按照男人的喜好注重外在，甚至不惜整容来博得男人的欢心，她们并不是期冀天长地久，而是试图二次投胎改变命运。长久与否不重要，重要的是通过所谓美貌来跃入龙门，大不了离婚拿着分得的家产或赔偿金走人，再去包养小奶狗，岂不乐哉？

我的回复是——

人的价值观不同则选择不同，没有对错，甘苦自知。女人若想用“颜值”换“价值”做场人生交易，就只谈“交易”别谈感情了，要接受市场规律，接受随时被变心弃货的可能。

我一直喜欢诗人舒婷的《致橡树》，有一种大女人的气场——我不做攀援的凌霄花，不做痴情唱歌的鸟儿，不做一味付出的泉源……

“我必须是你近旁的一株木棉，以树的形象和你站在一起！”

是的，女人就是那株独立的木棉，不来不去，不高不低。

你有你的铜枝铁干，我有我的红硕花朵，看似各自独立，实际终身相依。

气场课程从来不是教女人取悦他人而活，而是引领现代的中国女性要活成有尊严有自我的1。

你活成独立完整的1，有别人爱你，你的人生就是1+1以及更多；就算人生无法万事圆满，你最起码还有自己这个本自具足的1。

别人在你人生中都只是路过或陪伴，或是忙中添乱，顶多是锦上添花，你的人生中心只有你自己，你的人生王牌就是你自己！

有资格才有气场

一个人的气场，就是人体所有的能量场，源于一个人的思想、信念，通过语言、行为这些表现载体向相关人事物产生的影响力。

什么样的人看上去会显得气场强大呢？

他应该有着不容忽视的存在感，在人群中一眼就能看到他，由内至外散发着自信、淡然、从容的气质，举手投足举重若轻，显得有底气也有能力，而这些特质一定是源于他内心具足的资格感。

资格感 ，这三个字听起来很简单，细想又很生疏。

资格感这个词是李中莹老师第一个提出来的。他说："资格感缺失是一个非常普遍的问题。资格感决定了我是什么样的人，资格感的根本来源是与父母的连接。"

我在做气场课程研发的过程中，更深刻地感受到：一个人如果真的有气场，不仅要提升外在的能力，更要内在具有充足的资格感，像打通任督二脉一样，散发出强大的气场。

那么，缺乏资格感的具体表现是什么样的呢？

1

比如有次在气场V学堂群里，有位学员夸我的课件做得很漂亮，她问我气场教练班要训练这些内容吗？

我说，这些课程研发，具体到PPT的设计和制作都是气场教练班要培训的内容，而且最后要考试，考试不合格是不给发气场教练资格证的。

这位学员听了就说：“哎呀，那像我这样的估计是毕不了业了……”

一件事还没去做，就给自己贴了个标签：我做不到。

“每一个缺乏资格感的人，内心深处对自己的评判总有一句‘我不行’‘我不配’”。

这几个字就像魔咒一样，深深地藏在信念深处，甚至连自己都不曾意识到，而一旦做事的时候就会自动冒出来，像一根无形的绳子，牢牢地控制着、束缚着你，让你感觉人生有很多牵绊、很多纠结、很多困扰，结果遇事总退缩，不敢想、不敢信、不敢做，殊不知，正是这根隐形的绳子阻碍了我们的气场，束缚了我们的幸福人生。

也许很多人会想起小时候父母限制自己时的样子：

你不许玩这个游戏！

你就不能考一次第一名吗？

你看人家的孩子考那么高的分数，你能有点出息吗？

咱家祖祖辈辈都是小老百姓，咱哪买得起啊？

……

成长过程中父母过激的评判话语，就像给孩子下的咒语。父母当然都是真心爱孩子，动机也是为了孩子好，但行为方式未必会起到好的效果，负面的话语说得太多，会给孩子的内心形成创伤，成为他一生的魔咒。

小时候被贴上各种负面标签的人，他孩童时代的潜意识是会接收这些讯息的，长大后虽然不一定记得，但遇到事情会本能地退缩，潜意识里冒出“我不行”的声音。

有些成年人以吓唬孩子的方式去“逗”孩子，以把孩子吓得哇哇大哭为乐，其实这都容易给孩子内心形成创伤。比如，有个女孩子小时候长得黑，就总有大人逗她：“长这么黑，以后能找到婆家吗？”“你妈这么好看，你这么丑，是从垃圾堆里捡的吧？”

这种“逗”孩子的方式，很可能给孩子幼小的心灵造成伤害，给她注入一种信念：我很丑，我不配获得父母的爱，我不配获得他人的爱！这样的孩子就算长大后出落得很漂亮，她仍然会自卑，在与异性交往时，会习惯性地退缩，因为她内心有个魔咒：我没有资格获得他人的爱。

细思甚恐啊！

2

资格感的根源是与父母的连接，孩子会忠于父母，内心会认同父母的话，并形成自己的信念。

所以现在为人父母者就要注意，有时你无意中给孩子贴的标签，可能会给孩子的一生形成一个魔咒，让他陷入资格感的缺乏中。

还有人会去复制和模仿父母的生活状态。比如，从小生活贫苦的孩子，根植于心的信念就是：我们祖祖辈辈都是穷人。就算长大后，经过努力生活条件好了，但内心深处仍会觉得“我父母那么辛苦，我怎么可以活得这么轻松呢？”

这样的人不舍得花钱不敢去享受，但凡轻松奢侈一次都会有强烈的负疚感，因为他内心里认为自己没有资格比父母活得更好。

我小时候曾给邻居家送新娘。新娘的婆家是个普通的人家，一个小院几间平房。结婚的新房是刚修建好的，却特别低矮，进门之后要往下走几步台阶，屋内地面下沉了几十公分。明明是新房，为什么要建这么低呢？

原来，婆家的习俗认为：儿子的房子不能比父母高。父母的老房子本来就不高，新房就只能往地下挖，这样才能保证新房房顶不超过父母的老房。

看上去很符合“孝道”和“秩序”，可是有没有想过一个问题：如果孩子的房子永远应比父母低，那么孙辈是不是得住地下室去呢？如果一代的生活不如一代，人类还谈什么追求和进步呢？

老天赋予我们每个人活得更好的权力和能力，家族系统的动力永远应该是向前不断发展壮大的。只有一代比一代生活得更好，生命系统才能日趋完善。真正的孝顺并非只是言行上的顺从、物质上的奉养，而应该是让自己活得更好，让父母为自己感到安心和骄傲。

3

我的老师曾在课堂上讲道：“辛苦赚来的钱都是不该赚的。”

很多人乍一听都无法接受：“钱不都是辛苦赚来的吗？”

为什么一定是辛苦的呢？难道我们不可以轻松幸福地获得财富吗？其实，这就是我们潜意识里的那根绳子，置我们于困苦的状态中无法自拔。

我有一位朋友，她和先生两人经营着年产值上亿的企业。她的先生平时特别节省，也不愿雇用经理人，一是不放心，二来觉得浪费。他要求老婆和自己一起战斗在生产第一线，只有这样才可以安心。这位先生小时候家里很穷，白手起家做到今天，不放手不放心也体现了资格感的缺失：我没有资格轻松愉悦地获得财富。在他的认知中，钱都是辛苦赚来的，唯有维持辛苦的状态才能让他感觉有安全感。

“我没有资格”的信念深藏在很多人的心中，像无形的茧，将人们缠绕于辛苦之中无法解困。很多人面对痛苦，纠结着是改还是不改。有痛苦却不愿改变，证明内在有根绳子在束缚，那就是资格感缺失的体现。

那么，我们该如何改变这种状态呢？

愿意改变，是成功的第一步。

首先，在认知的层面上要相信：相信有可能，相信一定会更好。凡事必有至少3个解决方法，越灵活越有能力，选择越多。你要相信有可能，世上根本没有所谓的困难与否，也没有做不到的事情，只有不懂和不愿。不知道怎么做就去用学习来解决，不愿意做就去改变自己的心态。

4

以下四句话是增强资格感的练习，将你要改变的内容加在后面，比如：

我有能力成为气场导师！

我有资格成为气场导师！

我爸爸允许我成为气场导师！

我妈妈允许我成为气场导师！

后面的内容根据自己的目标填写，而且越具体清晰越好。比如“我有能力“在100人场合演讲！”“我有资格轻松赚到100万！”等。

说这四句话时，必须全身一动不动、眼睛一眨不眨、语气顺畅地一气呵成。

中间有任何小动作或卡顿，都说明你潜意识里有障碍。这个练习非常简单也非常直观，看上去很简单，其实有很多人说不出来，甚至有人还为张口情绪就出来了，在这个过程中流泪、咳嗽，身体忍不住晃动、发抖等现象都是常有现象，这些说明你的内在有创伤，潜意识里没有真正认同这几句话。

你可以找人在旁边监督你的练习，也可以直接对着手机录制，当你在说这几句话的时候，出现任何迟疑、卡壳就重新来过，直到你可以身心合一、坦然自信地流畅说出来：“我有资格……”

一直说到你潜意识里完全接受，一直说到你身心合一地相信，一直说到你自信坦然地去追求你想要的一切！

当一个人内在资格感具足的时候，自信会从内心里散发出来，会形成独一无二的气场！

有资格就有气场！

好老师都是段子手

这里说的段子可不是带颜色的“段子”，而是指可以论证道理的故事，古今经典、生活素材、新闻佚事皆可成为培训师看似信手拈来，实则蕴藏深意的“段子”。

演讲者或培训师都应该是讲故事的高手，一场成功的培训或演讲，讲大道理是理性的，而真正推动人去行动的是感性。

用道理来解释道理永远解释不通，所以，深入浅出的故事就会调动起大家的情绪，引发情感的共鸣，加深对道理的体会和感悟，你想传达的思想，就随风潜入夜，润物细无声啦。

试看一场成功的演讲或培训，要么用故事层层推进去论证一个观点，要么用一系列故事作为观点去推进演讲，每一个值得传播的观点都应该有一个值得讲述的故事，每一位培训师演讲者都应该是讲故事的高手。

故事怎么选，故事怎么讲？这可是门学问。

1. 经典故事：老酒装新瓶

在于你会选择，从独特的视角去看，可以总结出不一样的道理，而源于生活素材的故事则需要你会发现、提炼和演绎，随处可见的生活场景竟然可以为人解开心结、促人向上，这才彰显高度。

比如经典故事的演绎，重在视角独特，观点推新。比如，我们从小就耳熟能详的《小马过河》，小时候听这故事只记住了角色和情节，并不太清楚这故事的真正寓意。

我学过心理学之后，发现《小马过河》简直就是人生真谛。故事人生就是一幕小马过河：没有两个人的信念和经验是一样的，前方的路既没有老水牛说的那样容易，也没有小松鼠说的那么凶险，他们的意见只能提供给你参考。没有人可以真的照顾你的人生，你的生活道路必须自己去走出来……

大道相通，经典流传的故事都最朴素的人生智慧，就看你怎样去给这些老酒装上新瓶，焕发出新的价值。

2.身边故事：提炼出新知

源于生活的故事需要善于发现、提炼和升华。

最有说服力的故事一定是亲身经历的真事，因为那种深刻的体验和感悟是无可取代的价值。

在提炼和讲述故事做培训做演讲方面，我可以做到取材广泛、视角独特、提炼深刻、应用恰当，绝对是高端的“段子手”。

我有个习惯，在生活中处处留心，随时一件小事都可能引起我的思索：这件事反映了什么？可以说明什么？和我所学的知识有何结合处？可以用到课程中当作案例吗？

以至于我就是看电视、逛街、或者和朋友聊天的的时候脑子都不闲着，遇到合适的故事能迅速在脑子里形成个初稿，若是一个人走路上还会喃喃自语把故事讲一遍。

就是因为已经养成了这样随处抓取素材、提炼故事的本能，所以气场的课堂上真的是新鲜故事信手拈来。

接下来选一则——

气场教练班学习是逐步进阶的，第一阶段身体气场的学习相对简单直观，很容易收到效果，学生们学得兴致勃勃。到了第二阶段语言气场的部分，到了吐字发声、演讲沟通的部分就开始抽象和烧脑。

一个人打破固有的信念和习惯真的很痛苦，本来还觉得自己很不错的时候，忽然就到了“邯郸学步”的状态。很多人都会产生挫败感，开始畏难、气馁、想放弃。

看着那些垂头丧气的学生，我什么励志或责备的话也没说，只是笑嘻嘻给他们讲故事：“我女儿暑假迷上了健身，天天晚上去健身房上课……”

学生们看我没有给他们讲大道理，而是上来就先聊天，便好奇地接上话：“是啊，我们在您朋友圈里看见您发的女儿健身照片，真棒啊！”

我继续开聊：“是啊，这孩子学了不少课呢，还学了肚皮舞。她的肚皮舞老师是位50多岁的老太太，胖胖的一点儿都不漂亮，可是一跳起肚皮舞就风情万种，肢体灵活，在业内很有名气呢……”

大家纷纷响应：“是啊，肚皮舞其实可难跳了，技术含量高着呢！”

我：“这位肚皮舞老师有一天回到自家小区，看见一群大爷大妈在那里跳广场舞，忽然来了兴致，就加入其中去跳“小苹果”。大家猜猜，一位资深的肚皮舞老师，去跳大爷大妈都能比划的广场舞，会出现什么样的情况呢？”

学生们纷纷发言：“嗨，那还不是小菜一碟！”

“大爷大妈们一定惊呆了吧？”

“大家一定想请这位老师来教他们了吧？”

我神秘一笑：“话说肚皮舞老师跟着人群跳了两分钟，带头的大爷就不干了，指着她大声嚷嚷：“嘿，那谁啊？这么笨！就没见过你这么笨的，会跳舞吗？手脚都顺拐了。”

“啊？！”学员们惊呆了。

“就是这样啊，当人们进入一个全新的领域，面对不熟悉的知识技能时，总会有一段时间的适应期，甚至还不如自己以前的状态。同时，越是在自己原来领域里优秀的人，固有的模式越难打破，改变起来会更痛苦更别扭，还不如一张白纸学新知识来得快。所以，肚皮舞老师跳不好广场舞，这是很正常的。但绝不代表她以后就跳不好广场舞，大家说是不是？肚皮舞老师一旦适应了广场舞的规律，靠着自己的优秀底蕴，一定会比大爷大妈跳得好，你们说是不是呢？”

这会儿学员才纷纷醒过闷儿来：“哦，老师，原来您在这等着我们的啊……”

我乐了：“你们说呢？”

学员里学历最高的博士发话了：“老师，我明白了，闻道有先后，术业有专攻。学习出现暂时的混沌状态都是正常的。”

我说：“对啊，你能在自己领域里优秀，在新领域里，只要过了适应期，依然会比其他人领悟力更强、看问题更全面深刻。什么是学习的状态？就是你的大脑有大量的新知识信号进入，新的思维网络还没有建立好，这个阶段就会出现混沌状态。就像我们的大脑要老城改造，必须先经历大拆大建的尘土飞扬、道路堵塞，接下来才可能把新道路网络建好。如果没有接受新知识而出现的混沌状态，就没有后来新的思维网络建好的开阔通达。如果你在学习过程中一直很清醒，有种可能是你的大脑一直处于固守封闭状态，对于新知识全无反应，你自然不会混沌，当然也不会有突破之后的收获！”

“哦，原来是这样啊…….”大家转忧为喜，一副看到曙光的模样。

“你们现在已经摸爬滚打，从山脚下爬到半山腰了，这阵子很辛苦很疲惫，可是山顶的美景还远吗？”

“不远了不远了，老师我们继续加油！”学员们乐得像孩子。

学员们一片欢呼，打了“鸡血”喝了“鸡汤”，继续快乐地学习去了！

讲故事完胜讲道理！

故事再好，还要有引人入胜的讲故事技巧。

什么是讲故事啊？其实就是编导演集于一身，故事讲出来就像身临其境看了一场电影，运用时间、地点、氛围、人物形象的描述，有画面感，模仿不同人物对话增加听觉想象，甚至用各种象声词、形容词来增加触觉、味觉、嗅觉的感知，善用打比方的方式让问题更浅显易懂。更重要的是要注意调动听者的情绪，引发情感的共鸣。

培训或者演讲都是想传播深刻的人生道理，而这些凝聚了智慧的道理一定源于最朴素的生活也一定要回到生活中为人所用。

我们每个人的人生都是一连串的故事组成的，我们也通过讲故事让人类的智慧代代相传，深刻的道理都蕴藏在随处可见的生活智慧中。善于抓取素材，善于提炼，用对地方，讲个故事胜过万千道理学说，做优秀的培训师就是先做好段子手。

人生不过呵呵二字

人生就像打通关游戏，你想玩下去，你想升级，就会不断遇到问题、解决问题，人生途中的小怪兽在不断升级，你只有打败花样繁多的小怪兽才能成为奥特曼！呵呵……

我以前理解：有理就要据理力争，赢乐的人才是霸气！

现在明白：争了道理，输了风度！面对垃圾，你非跳进去战斗才是霸气啊？退一步是明智，不屑才会呵呵。谁跟垃圾斗啊？丢身份！让自己清爽轻松看未来，做得更好，让垃圾更加望尘莫及，这才是最大的霸气！呵呵……

争执是最赔本的买卖！

人人都用自己的方式来看问题，人人都觉得自己最有理，人人认为只要自己据理力争说明原委讲出道理，对方一定会哑口无言羞愧难当。

错！因为对方也是这么想滴！每个人都用自己的方式看问题，每个人潜意识里都会保护好自己，在每个人心中自己都是大英雄、大好人或者受害者、隐忍者，俩“超级英雄”还争什么啊？只要是讲道理，你说出一百条，对方也有101条等你，最后恶语相向、两败具伤，除了闹一身狗血，被路人看笑话。

再说了，跟小人斗啥呢？如果他骨子里认定他是最伟大的奉献者受害者时，你还能说服他认罪？他要故意来坑你时，早就准备好花样百出的污水等你，你还能翻天？

退一步海阔天空，道不同不相为谋，呵呵……

这世上最不缺的就是“良心”，因为谁都觉得自己有！还大大的有！

这世上最冤枉的就是：狗！我们总互骂：你良心被狗吃了？！然后彼此大怒，证明对方才是良心被狗吃了！那么狗到底吃“良心”了吗？抑或压根就没有“良心”这玩意儿？呵呵…….

恶语会伤人，恶语也伤自己。留些口德吧，非要把话语变成钢针明刺剥皮结疤，事实真相呈现出来其实也没啥好看的！不如，呵呵…….

人生就像升学考试，你想达到哪个级别，就自然要解答哪个级别的应用题。

人生这个大学校，我们一路走来，总会学到新的知识，面对新的问题，通过一轮轮考试才能拿到不同级别的人生文凭。你觉得麻烦困难，可以混到中学就毕业，你当然也只有一张中学的人生文凭和水平；如果你想考大学当博士，只会考题越来越难，博士遇到的难题肯定不能被小学生所理解，可博士获得的智慧与境界也不是小学生能感受到的。

当你遇到越来越难的考题时，说明你要升级了，想想自己快被生活修炼成“大师”了，不禁，呵呵……

我刚才说人生就像升学考试，这里面其实也有区别的，遇到问题我们要面对，可有时候也没必要把自己绕在难题里出不来，生活里的题也没有绝对的对错，100分可以当博士，60分其实也可以过关，你非要100分吗？想明白这个，忽然好轻松，呵呵……

以前我看一些道高人，不言不语不怒不争，总觉得是演戏，或者故意压抑自己的情绪，现在才明白，当你被生活里层出不穷的难题折磨多了的时候，当你看得多经得多的时候，对于某些人某些事真的是懒得理、不屑于，千言万语都可以化作呵呵……

张爱玲说：“人生就像一袭华美的丝袍，里面结满了虱子……”；蔡志忠画的漫画《我从二十一楼跳下来……》，漫画主人公从21楼跳楼自杀时经过各家窗口，看到光鲜的邻居们的生活也都如此不堪；我想说的是，大家都不容易，万事有因果，甘苦自己知，没有天生的坏人更没有永远的天使，只是别把相互的恶性都勾出来，宁愿退一步，可以更好看未来，那个轻松啊，呵呵……

面向未来吧，多么美好！我们一起更好地前行，遇到问题只能说明我们该升级了，遇到垃圾是可以绕行的，不合适的人与事是可以淘汰的，人生考试偶尔打个差没得满分也是可以过关的……

人生不过呵呵二字。

道不同，不相为谋

早些年我还是更小的井底之蛙的时候，也认识几位做企业的朋友，聚会时听他们在那里高谈阔论，谈到商业合作时，有位企业家朋友正色说：“合作最重要的不是钱也不是资源平台什么的，而是价值观！道不同，不相为谋！”

旁边几位做企业的朋友也击案称是：“对，合作就是要价值观一致！”

当时的我还正处于惦记这月奖金是不是能多拿一些的阶段，听得懵懵懂懂，大概知道了这其中的“道”指的是价值观。

时光荏苒，这几年的学习确实让我成长了不少，尤其是我自己创业做气场课程以来，我就更深刻滴体会到“道不同不相为谋“的深刻含义。

同样是做培训，看似都是在传播学问、育人育心，可“道”不同，会大相径庭。

这个“道”，也指做事的发心。

这个行业仿佛到处是大师大神首席第一啥的，其实按发心来分，就分两种。

一种是：我要以教育培训来赚钱！

一种是：我要做教育培训，同时要赚钱！

听起来差不多，做起来可就不同了。

第一种：我要以培训来赚钱！

这是拿教育培训来做生意，要以创造利润为最高目的，视学员为消费者，以多促进消费为最高追求，所以有时会为赚钱而牺牲教育的本质。

所以，我们会经常看到一些教育培训平台多年课程不变，只是把精力放在如何造势、营销、卖东西，这类课程差不多都是三天发证、五天成神，课前课后工作人员找你不是为了回访课程，而是为了再多卖些东西给你。

第二种：我要做培训，同时要赚钱！

这是将教育培训助人成长为最首要目的，同时要盈利以促使事业发展。

这种课程或许没那么多噱头、造势，课程学问总在不断升级更新，教学非常严谨，规则严格到甚至严苛刻，遇到教育和利润有冲突时，会首先保证教育的质量。

比如我学过的简快、NLP、灵修等课程都是如此，很低调很严谨学得也很扎实。

中国气场课程更是一直保持这样的初心与追求。

以上两条路，完全是发心不同而形成的不同的追求。

没有谁对谁错、谁优谁劣，各自按自己的价值观做事就好。

学员也各取所需，找到适合你的就好。

作为培训业内人，就要明确自己的价值观，聚焦方向，不忘初心。

最怕的是左右摇摆，走了自己不适合的路。

其实，根本没有最好的路，适合自己的就是最好的，心安即归处。

经常会有平台找我合作，要联手卖这卖那或者融资投资啥的，我都拒绝了。

好多人不理解，认为我是冥顽不化、放着钱不赚。

我这榆木脑袋确实有自己的想法——

第一，气场课程平台真的挺小，别耽误了贵平台的发展大计。

第二，我就是一位老师，没有做生意的头脑，我不拿自己的短板去碰人家的长板。

第三，气场课程学生不多，都是出于对我的信任，信誉才是我最大的财富。别因为一时头脑发热让学员买到不合适的东西或投资受骗伤了这份信誉。

气场课程没背景没平台没优势，就是凭着我这点踏实做事才走到今天，每一步我都很珍惜，走过来不容易，毁掉它或许就一下。

钱，真的很好，我也真的很需要。

赚钱赚的是价格，助人成长是价值。

我要做有价值的事，过有意义的人生。

君子爱财取之有道。

这个道，我认为是适合我的方向和道路。

曾有位业内名师，头衔很多很大，也开培训公司，据说很赚钱，总之比我赚钱多很多。

他约我一起聊合作，听说我每年还要花很多钱去上课充电，不禁惊呼："你还要上课？！"

我也惊呼："你竟然不上课？！"

他狡黠一笑说："咱好不容易赚了人家的学费，怎么还能花钱去给别人交学费？"

我像没见过市面的傻子："那你怎么讲课？"

他说：“从网上扒点，从同行借点，自己攒点……”

我遂拉黑此人。

你赚你的钱，我做我的学问。

道不同，不相为谋。